UN248575

MINERVA
人文・社会科学叢書
219

紛争下における
地方の自己統治と平和構築

―アフガニスタンの農村社会メカニズム―

林　裕著

関西学院大学研究叢書　第184編

ミネルヴァ書房

はしがき

「アフガニスタンで現地調査を行っている」というと，多くの人に「アフガニスタンは危険なのではないか」と問われる。2003年にはじめてアフガニスタンの地を踏んで以来10年以上が経過した。その間に接したアフガニスタンの人々，そして訪れた村や地方の印象は，「危険な国」という一般的なイメージとは大きく異なり，人懐こく，訪問する人々を歓迎するあたたかな気配りに満ちた人々によって彩られたものであった。

もちろん，今のアフガニスタンが平和だというつもりはない。しかし，ひとつの国全体を「危険だ」「紛争中だ」といってしまうことで，私たちは，その国の中に暮らす，歴史に登場することもないであろう名もなき人々の暮らしを見ることを忘れてしまう。

「紛争のさなかにある国」というアフガニスタンに関する一般的なイメージや報道は，そこで暮らす多くの人々の日常の姿を覆い隠してしまっているのである。さらに，開発援助の場では，アフガニスタンにおける「平和構築」が焦点のひとつとして取り上げられている。

タリバン指導者層や軍閥司令官などの名前とともに描き出される「危険な国」「紛争のさなかにある国」というイメージは，農村部の名もなき人々の暮らしや農村社会が地域の安定に果たしている役割を見えなくしてしまっているのである。私は，2003年以降，農村部に暮らす元戦闘員や地域の人々と接する中で，「国家レベル」で展開される平和構築と，農村社会の実相のずれを感じるようになった。

アフガニスタンにおける平和構築は，2001年以降，開発援助の中で大きな取組み課題として焦点を当てられてきた。そして，平和構築の一環として，中央政府の再建，行政機構の能力強化などが展開されてきた。その中で，次第にアフガニスタンにおける汚職の深刻さが指摘されるようになり，「グッド・ガバナンス」の重要性が強調されるようになった。

しかし，私が地方農村部の人々と接していく中で，地域における農村部の自己統治機構（シューラ）が，地方において非常に大きな役割を果たしていることが見えてきた。地方における自己統治機構としてのシューラは，公的な行政機構ではない。また，民主的選挙を経た人々がシューラを構成するわけでもなかった。それにも拘らず，地方農村部における日々の様々な問題を議論し，決定していく役割を果たしているのである。

農村部においては，「ガバナンス」という英語，そしてそれに相当するダリ語（アフガニスタンにおける公用語のひとつ）は使われることはなかった。それでも，地域の人々が，地域の事柄に関する意思決定に参加し，議論を重ね，全会一致を模索するその姿は，「グッド・ガバナンス」の確立を求める援助国や国連機関が理想とする「グッド・ガバナンス」を見るようであった。

国家レベルで展開される平和構築と，地方レベルでひっそりと行われている地域の自己統治という視点を持って本書は書かれている。本書の構成は，第1章において既存の平和構築をめぐる議論を，リベラル・ピース論，そしてガバナンス論を中心に概観する。そのうえで，第2章で本書の対象とするアフガニスタン・カブール州北方2郡に焦点を当て，紛争影響下社会としての農村社会を描く。続く第3章では，農村社会の在り様を詳細に検討し，自己統治機構としてのシューラに焦点を当てる。最後に，第4章では，ガバナンスが弱いとされる国における地方の自己統治を，国際社会の認識と，現地社会の認識の差異を描きながら検討している。

アフガニスタンというひとつの国，しかもその中での限られた地域を対象にした本書は，平和構築に関する処方箋や大きな理論を提供するものではない。しかし，平和構築を，地方農村部の自己統治という事例を通して考えてみようとするものである。

本書のタイトルでは「紛争下」と付した。当初は，conflict-affected をそのまま「紛争影響下」としていたが，日本語においては「紛争影響下」という言葉はまだあまりなじみがない言葉であるため，タイトルでは「紛争下」とした。しかし，本文中においては，「紛争下」ではなく，conflict-affected を正確に反映する「紛争影響下」として使用している。これは，紛争だけが社会に影響を与えるのではなく，紛争やその影響が，社会や人々に様々な影響を与えていることをとらえようと思ったからである。

本書を手に取ってくださった方々には，抽象的で巨視的な，国レベルでの枠組みから考える平和構築のみではなく，具体的な人々の顔の見える，地方レベルでの平和構築の可能性を考える契機となることを願っている。

なお，本書は2016年度関西学院大学研究叢書出版補助を受けて刊行されたものである。

紛争下における地方の自己統治と平和構築
――アフガニスタンの農村社会メカニズム――

目　次

はしがき

図表一覧

序　章　アフガニスタンの農村社会と国家……1

1　紛争影響下の農村社会と国家建設……1

2　国家の再建と農村部における
　　インフォーマルな「自己統治」……8

3　キーワード……10

4　自己統治メカニズム解明の意義……14

5　なぜアフガニスタンか……17

6　インタビューの方法と効果……21

7　本書の構成……25

第1章　平和構築をめぐる議論
　　　　――リベラル・ピース論とガバナンス論……33

1　国家の在り様と平和構築……33

2　リベラル・ピース……44

3　ガバナンスをめぐる議論……51

4　アフガニスタンにおける平和構築と農村……60

5　平和構築をめぐる議論の再検討に向けて……66

第2章　「実体のない平和」構築
　　　　――紛争影響下でも営まれる生活……79

1　紛争影響下カブール州の農村概要……79

2　紛争影響下における農村社会の生活……90

3　実体のない平和構築とアフガニスタン農村生活の現実…102

第3章　紛争影響下の農村社会
——シューラによる「地方の自己統治」……………………111
1　自己統治機構「シューラ」……………………………………111
2　「自己統治」のメカニズム……………………………………119
3　「弱い国家」と「強い地域社会」……………………………125

第4章　弱い国家における「自己統治」
——だれのガバナンスなのか……………………………………141
1　国際社会，首都，そして農村…………………………………141
2　ガバナンス認識をめぐる差異…………………………………148
3　フォーマルな政府とインフォーマルな農村社会……………153

終　章　紛争影響下の自己統治のメカニズム…………………159
1　「紛争国」という概念と地方の自己統治……………………159
2　脆弱なガバナンス下での自己統治……………………………160
3　新たな平和構築に向けて………………………………………164

補　論　事例研究へのアプローチ………………………………167

引用文献……171
参考資料Ⅰ　アフガニスタン関連略年表……183
参考資料Ⅱ　半構造化インタビュー質問票……230
参考資料Ⅲ　調査対象者一覧……236
参考資料Ⅳ　主要個別面談対象者一覧……238
あとがき……239
索　　引……241

図表一覧

表序－1：対アフガニスタン支援概要……9
図序－1：地方自治，自己統治，ローカル・ガバナンス……14
図序－2：カブール州の地雷・不発弾分布……19
図序－3：調査対象地……20
図2－1：アフガニスタン国家治安部隊（ANSF），ISAF，民間人死者数の推移……81
図2－2：アフガニスタン国軍，国家警察人員数と戦死者の推移……81
図2－3：ISAF 戦死者数の推移……82
図2－4：ANSF，米軍，他の国際部隊（ISAF）兵員数の推移……82
図2－5：ISAF 将兵の戦死者地域分布……83
図2－6：カブール州周辺の地形……85
図2－7：内戦の影響（カラコン郡およびミル・バチャ・コット郡外で生活した場所）……89
表2－1：半構造化インタビュー対象者の世帯規模……91
図2－8：土地所有の有無……91
図2－9：土地所有面積……93
図2－10：土地所有証明書の有無……94
図2－11：家屋の所有状況……95
図2－12：携帯電話所有の有無……97
図2－13：カラコン郡およびミル・バチャ・コット郡の農業暦……97
図2－14：アフガニスタンの主たる農具（بیل：Bil）……98
図2－15：カラコン郡およびミル・バチャ・コット郡居住者にとっての最大の課題……104
図3－1：村レベルの地域社会（シューラ・エ・カリヤ）……120
図3－2：シューラのカロン／ボゾルガーン……121
図3－3：郡レベルの地域社会（シューラ・エ・マルドミ・ウルソワリ）……126
図3－4：行政とシューラ・エ・マルドミ・ウルソワリ……127
図3－5：地域における土地問題の解決力……129
図3－6：地域において誰に権威があると考えるか（選択肢から選択）……130

図4－1：首都カブールに建設されたコンクリート製の集合住宅…………………………146
図4－2：カラコン郡における土壁の住居………………………………………………………146

序　章
アフガニスタンの農村社会と国家

1　紛争影響下の農村社会と国家建設

21世紀の現代世界，人類が祈念し続けてきた恒久的な平和は未だ達成されていない。現代の世界には，紛争や武力による暴力の影響の下に生きていかざるを得ない人々がいる。全世界に15億人[1]，子供たちの10人に１人[2]が紛争の影響下に暮らしているとされる。紛争影響下といった時，それは，中央政府がほとんど崩壊した内戦や，中央政府があるものの反政府勢力等による武装闘争など，紛争の形態如何に拘わらず，また進行中あるいは終結直後など紛争の段階如何に拘わらず，紛争から人々が影響を受けざるを得ないような状態を指す。紛争の影響下に暮らす人々の困難を和らげるための思索と取り組みは，現代国際社会の喫緊の課題の一つといえる。

このような紛争の影響下にある国々を，私たちは報道や様々な調査研究等によって「紛争国」や「脆弱国」として認識する。こうしたラベル付けは，外部者にとって，当該国や地域を単純化することで理解しやすくする。しかし，そのような「紛争国」や「脆弱国」というラベルが，現地社会が持つ生きる営みの多様な側面すべてを包摂しているわけではない。さらに，外部者にとって分かりやすいラベルは，その領域の中でも彼らなりの秩序の中で人々が生活を営んでいることを，しばしば捨象させてしまう。国が紛争の影響下に置かれている時でさえ，多くの人々はそこで暮らしているのである。

本書は，「紛争影響下」とされるアフガニスタンの農村部に焦点を当てる。そこに生きる人々は，いかにして生活を営み，農村自治を行い，どのように政府や行政機構と関係を取り結んで，自らの生活を改善していこうとしているのか。そして農村社会の在り様はどうなっているのか。これらを明らかにすることで，既存の平和構築に関する議論において十分に捉えることができていなかった，地域社会が平和構築に果たし得る積極的役割を論じる。平和構築において地域社会が果たし得る役割を，「それなりのガバナンス（Good enough governance）」という点から新しく捉えなおす。具体的には，紛争影響下において農村社会が持つ機能とメカニズム，国家との関係の結び方を示す。これらを通じて，紛争影響下にある国家と社会の再建に向けた示唆を検討し，平和構築分野におけるさらなる研究の深化の方向性を探ろうとするものである。

本書で対象とするアフガニスタン(3)は，歴史的には，1979年の旧ソ連軍の軍事侵攻以来，紛争と内戦の歴史に彩られ，その過程で中央政府は実質的に崩壊の一途を辿った。その流れが変わったのは，2001年11月13日のタリバン政権の崩壊，12月22日の暫定行政機構の発足であり，全国に行政権を行使できる新しい中央政府の誕生が期待された。国際社会の支援する暫定行政機構が発足したことで，アフガニスタンは，内戦の時代から新たな国家建設へと向かうかに見えた。さらに国際社会の支援もあって，中央政府や行政機構，法の支配の再確立を目指す国家再建がはじめられた。

しかし，2001年12月以降のアフガニスタンは，タリバンをはじめとする反政府武装勢力との戦闘が各地で継続しており，領土内の全域に中央政府の行政権を行使できる状態にあるとは言い難い。地方農村部に暮らす国民の大多数にとって，政府は地方に十分な行政サービスを提供できていない。地方からの要求というインプットに対して政策というアウトプットを出せない政府となってしまっているのである。

アフガニスタンの内戦の歴史の中で，農村部に暮らしていた人々のうち，国境を越え難民となることができた人々は，国境を越える旅費となる現金を準備できた一部の者だけであった(4)。多くの農村部住民は，ソ連軍の侵攻に反対するムジャヒディン（反政府武装勢力）となるか，国内避難民となるか，あるいは内戦が継続している中でも農民として農産物に依存する生活を維持する他なかった。それは2001年以降も同様であった。パキスタンのペシャワール等で難民となり，英語を学んだ者たちは，2001年以降，国連やNGOで職を得，高額なドル建て給与を得ることができた。しかし，祖国に残り，戦っていた者たちは，英語どころか基礎教育の機会すら逸してしまった[(5)]。元戦闘員たちや国内避難民は，内戦が終わったからといって，教育も受けておらず，職業訓練なども受けていない人々にとっては，新しい生産的職業に就くことも難しい。

アフガニスタンで暮らし続けてきた人々は，1970年代から王政，共和制，共産政権，ムジャヒディン政権，タリバン政権に続いて，2001年にはカルザイ政権の誕生を見てきた。頻繁な政府の交代を見てきた人々にとって，中央政府とは，自分たちの生活からは遠いところで，形式的に新しい政府ができたものにすぎないと映る。次章以降で後述するように，中央がどのような政治体制になろうとも，アフガニスタンの大多数の農村部の生活は，農地への水供給，農作業，そして家族が食べていく食料と現金の確保が大きな課題であり続けたのである。頻繁に変わる政治体制やガバナンスの在り方は，自らの生活とは関係のない問題であり，人々は自分たちの生活に与える影響は何かという視点で政府を見てきた。

通常，国際紛争や内戦による政府の転覆，あるいは崩壊は，本来国家が果たすべき機能の低下を意味する。つまり，行政サービス等を領域内で効果的に展開できなくなり，結果として政府は社会へと手を伸ばすことができなくなる。また，政府が社会への影響力を失っていくことで，社会関係の調整，各種資源の配分，利用ができなくなっていく[(6)]。国家が国民に対して価値の権威的配分[(7)]ができなくなるのである。破綻国家や脆弱国，紛争後の復興を巡る議論では，中央政府，あるいは国家制度の再建と在り方に大きな関心が払われている。「国家」という枠組みを中心にした視点では，国家の再建や国家制度の構築が優先され，国という「枠組み」に主たる焦点が当たる[(8)]。

ここで，平和構築と国家の在り方に関係の深い民主的平和論を纏めれば次のようにいえるだろう。民主国家間には戦争が発生しにくく，武力行使も少ないとする主張である[(9)]。このような民主的平和論は，国家間関係における武力行使に着目した議論であった。国家間の現象分析を念頭に置いていた民主的平和論は，その後，民主主義国家を作ることがより安全な国際環境を作るという理解へと進んでいく。つまり，紛争後の平和構築において，民主主義国家建設の重要性が注目されるようになるのである。民主的平和論を発展させ，民主主義国家制度を，紛争後にいかに構築するかという視点から，リベラル・ピース論が展開する[10]。このような理論的考察が背景で深化していく一方で，実際の平和構築では，国に焦点を当てて，国家制度の構築，再構築に国際援助の多くが向けられることになる。

国家に重点を置くことは，地方自治が国家の政策を実施するだけのプロセスであり，地方住民は地方自治体に従う受動的な客体と考えられてきた[11]ことからすれば，自然な流れといえる。しかし，国家の再建，そして国家制度の強化は，地方で暮らす人々の安定した生活があって初めて実体的な意味を持つはずである。国家という枠組み，換言すれば国家制度の再建と能力強化という大きな枠組みが強調されることで，その中で生きる人々の暮らしや農村社会の在り様は，国家の再建が優先される中で捨象されてしまう。国家の再建，具体的には，行政機構の再建や民主的政治体制の促進を主張する議論では，国家が無い，あるいは機能していない中でも人々の生活を規定し，地域の問題に取り組んできた，インフォーマル[12]な自己統治機構は軽視される。さらに，自己統治機構は，フォーマルな行政機構ではないために，国家間取り決めに基づく国際援助の枠組みから抜け落ちてしまう[13]。

人々は，紛争のような状況にあっても生活を続け，農村部においては自治を行う社会制度が存在し，地域の意思決定を行うメカニズムが機能してきた。国家制度が崩壊するような状況の中であろうとも，「誰が，何を，いつ，いかにして得るか[14]」という政治が，地域において行われてきたのである。このような状況を考えた時，紛争影響下における国家や中央政府の役割を改めて問い直す必要性が出てくると同時に，地域に根差した社会機構の強さ，首長や行政，地方議会によってなされる地方自治とは別の形の「地方自治」，つまり，人々が自ら運営していく「地方の自己統治」に気付かされる。

筆者が元ムジャヒディン（元戦闘員）たちに，対ソ戦の時の様子を聞いていた時のことである。1979年の旧ソ連軍侵攻とほぼ前後して，アフガニスタンの地方農村部が次第に中央政府の支配下から離れ，ムジャヒディン勢力の手に落ちていった時期について筆者はインタビューを行っていた。その時，一人の元ムジャヒディンは以下のように語ったことが印象的であった。

ソ連軍が来た時，カブールの親ソ政府は，兵士の提供と政府への協力を要求してきた。一方で，自分たちの地域の周りには，反ソ武装闘争を行うムジャヒディン勢力が来はじめていた。その時，自分たちの村では，人々が集まり，シューラ（伝統的地域会議，شورا：Shura）を開き，自分たちの村はどちらに付くかを話し合った。その話し合いの結果，政府ではなく，ムジャヒディン側に付くことが決まった。

村では，戦闘への参加を希望する者が多くあった。その希望者の中から，家族構成を考えて，一家には，家の面倒を見て，農作業を行う男子が必ず一人いるように考慮して戦闘に参加する男子を選び出した。自らも銃を取ることを希望したが，父が他界しており，母と姉妹しかいなかったために，家族と農地のために村に残るように説得された。[15]

この話を聞いた時，筆者ははっとさせられた。戦闘が行われた，と聞いた時，自分の中では，共産政権側，それに対抗するムジャヒディン勢力，とのみ想定し，そこに戦闘に巻き込まれていく村があり，その村で主体的に支援する先を選択する，ということを考えもしなかった。

内戦の中で中央政府が国内各州・各地を次第に失い，中央政府に代わってムジャヒディン勢力が１つまた１つと支配地域を拡大していった時，人々にとって中央政府とはもはや確固とした存在ではなくなっていったのである。同時に，地域に迫ってくる反政府武装勢力は，地域の人々の知らない，武器を持った武装集団なのである。そのような状況に直面した時，農村に住んでいる農民たちや女性たちにとって，最後の拠り所となるものは，毎週同じモスク[16]に通って共に祈りをささげてきた地域の人々であり，地域の問題を昔から扱ってきた自分たちの村の地域社会機構（シューラ）であり，その決定だったのである。

しかも，思春期を経た男女の生活圏を分離する生活様式[17]が，イスラムに基づいて守られてきたのが，農村のイスラム社会である。保守的なイスラム圏では，各家庭に近親者による女性の守り手（محرم：Maharam）が必要とされる。内戦が続き，女性の誘拐や強盗が多発しているような状況では，近親者による女性の守り手の必要性は一層増すはずである。このような地域のイスラム文化と各家庭の生活状況を把握したうえでの判断が，地域社会で行われていたのである。

国家や政府の役割，あるべき姿については，紛争影響下国や脆弱国における中央政府の汚職という点から様々な調査がなされ，中央政府のガバナンス向上の必要性が指摘されている。援助を通じて，行政府の能力強化に対する多くの取り組みもなされている。それに対し，農村部や農民の間での自治や統治機構に関する認識や実態調査は，紛争影響下では治安の問題もあるがゆえの困難もあり，わずかである。そして，農村部での問題解決の在り方やインフォーマルな地域社会機構をどのように行政機構に取り込んでゆくべきか，という考察については，国家再建への関心に比すれば，大きな研究の空白がある。

1980年代後半から，紛争から立ち直ろうとする国々に対して，国際社会は国家再建に向けて積極的な支援を行ってきた。しかし，現在に至るまでの国家再建の取り組みの成果を見れば，それはあまり成功したとはいえないとされる[(18)]。つまり，紛争の再発を防ぎながら，民主的で，安定した国家制度，そして国際援助に依存しないで自立できるような国家が建設されてきたとは言い難いのである。過去の平和構築の失敗を踏まえ，パリスは国家制度の再建を民主化の前に進めるべきと指摘しているが，この指摘は，これまでの平和構築や紛争からの復興に関する研究をさらに深めていく必要があることを示唆している。

紛争からの復興や社会開発における既存の研究を大別すれば，国家制度に焦点を当てたリベラル・ピースの議論と，ボトムアップのアプローチを強調する議論の両者に区分することができるだろう。国家の行政機構と制度構築や法の支配の確立を通じて，有効な国家統治機構創設を志向するリベラル・ピースの議論と，国家の役割と地域社会既存の制度を組み合わせた平和構築と開発を行うべきであるとするハイブリッド・ピースの議論である。例えば，コミュニティ開発や参加型開発という手法を通じて，国家主導の開発ではない，住民による自律的な開発を目指す議論もここに当てはまるだろう。しかし，コミュニティ開発や参加型開発は，一地域や１つのプロジェクト単位での住民の声を拾う手段に収縮してしまっているかのように見える。つまり国家を中心としたトップダウンの復興や開発に対する批判から議論されたボトムアップのアプローチは，住民の声を丁寧に掘り起こし，反映させていくという本来の趣旨から外れ，援助における技術的な形式論に陥ってしまっている。換言すれば，援助予算を年度内に実施するという時間的制約の中で，手続き的に住民から意見聴取し，形式的に住民関与のための仕組みを作ることは，必ずしも住民の声を拾い，反映させることにはつながらないのである。ボトムアップ・アプローチや多様な社会チャンネルの利用を主張するハイブリッドな平和構築は，「何をすべきか」については議論しているが，「民主的」な制度を作るという暗黙の指向性を内包している点，また「どのように」それを達成するかという点において，さらなる考察が必要であろう。

そこで本書では，国家行政機構というフォーマルな枠組みと農村部のインフォーマルな営みという２つの軸に着目して，紛争影響下国における地方の自己統治の在り様を考察する。紛争や内戦期間中において行政機構が崩壊していく中でも営まれてきた農村社会と人々の暮らし，そして新しい政府ができた時に展開される農村部と政府との公的・非公的な結びつきを検討する。

現実の開発途上国において国民の多くが居住する農村部では，政府や行政が存在しない中でも営んできた，国家の制度とは別の問題解決方法（地域に根差した伝統的手法）を利用して自らの問題を解決しているはずである。国民に対して様々な行政サービスを提供するという国家機能が弱い国，特に，脆弱国であると同時に紛争の影響下にあるような国や社会では，農村社会における地域独自のローカル・ガバナンスを通して，行政を代替するようなインフォーマルな「自己統治」が機能していると考えられるのである。

中央政府が機能しなくなった時，農村部においては日々発生する住民間の係争や地域の病院や学校，灌漑水路や道路などの生活インフラ等に関する問題処理に，中央政府や行政機構を経ずに向き合わなければならなかった。住民間の係争を法的に決定する司法や，病院や学校，灌漑や道路などのインフラの維持，管理が，政府の機能不全によって提供されなくなるのである。

過去の平和構築における取り組み結果を踏まえれば，私たちは国家建設のみではなく，地方農村部の在り方，インフォーマルな自己統治機構にも目を向けるべきであろう。国家中心のアプローチだけでもなく，地域社会の取り込みを規範的に，あるいは形式的に取り入れるべきだとするアプローチでもなく，インフォーマルな農村社会の自己統治機構の重要性と機能を，改めて見直すことが必要であるように思われる。インフォーマルで，なおかつ社会に根付いた自己統治機構を見ることは，今まであまりなされてこなかった。それは，公平性を担保することの難しさ，地域の伝統的機構が既存のガバナンス概念からすれば不十分であること，そして実務上では，地方の実態を把握し，地域社会と対話していくことの煩雑さが大きな障害となってきたと考えられる。しかし，紛争影響下の農村社会の在り様と，中央政府との関係を考察することは，国際社会が実施する国際援助，つまり国家建設と政府行政機構の能力強化という国家中心の援助の在り方と，インフォーマルな地方社会機構と行政機構との関係を問うことにつながる。同時に，農村社会と中央政府の関係を検討することは，脆弱国における紛争影響下社会の実証分析，そして脆弱国やポスト・コンフリクト国支援に関する理論を現実に照らして検証していく意味を持つのである。

2　国家の再建と農村部におけるインフォーマルな「自己統治」

2001年12月以降，アフガニスタンには新しい政府が樹立されたが，未だに紛争の影響下にある国家，あるいは脆弱国として，「国家という単位」のアフガニスタンは認識されている[19]。そこでは，国家としてのアフガニスタンは，脆弱な国家制度や中央の汚職，不安定な治安の中にあるとされる。

他方，国家という大きな枠組みではなく，人々の生活レベルに焦点を当てて見ると，紛争の影響下にあるアフガニスタンにおいても，1979年以降，数百万の難民を出しながらも，国内で2000万人前後の人々は，崩壊していく中央政府とは別に，生きる営みを営々と続けてきていたことになる。従って，「紛争影響下国」あるいは「脆弱国」として国家に「ラベル」を貼ることは，そこで生きている人々とそこで営まれる社会システムへの分析視点を逸らし，問題を単純化してしまうといえる[20]。だからこそ，農村地域に焦点を当てて，紛争影響下国とみなされ，国家の再建が進められる一方で，農村とそこに暮らす人々が自らの問題をどのように解決し，どのように中央政府との関係を持っているのかを詳細に検討する必要がある。

2001年以降のアフガニスタンに対しては，巨額の国際支援が流入し，国家の再建と治安の安定に向けた取り組みが続けられている。例えば，米国の対外支援総額をみれば，資料が入手可能な最新年度2013年では，米国の対外支援総額401億ドルのうち11％超の45億ドルがアフガニスタンに向けられている[(21)]。アフガニスタンは，米国の対外援助のうち，最大の支援受領国となっている。内戦が続くスーダンが受け取る米国支援４億5,900万ドルの10倍以上の支援がアフガニスタンに向けられていることになる。このような巨額の援助が流れ込んでいるにも拘らず，国民の間には生活改善への不満がある。アジア財団の調査からは，多額の援助を供与する国際社会とそれを受け取る中央政府という構図の中で，自分たちの生活圏においては，なかなか生活が改善しないことに対する不満が読み取れる[(22)]。

表序－1　対アフガニスタン支援概要

（単位：百万ドル（2013～2014年））

米　国	1,822
日　本	550
ドイツ	539
英　国	333
Ｅ　Ｕ	305
IDA	180
アジア開銀	138
スウェーデン	133
豪	127
ノルウェー	124

出典：OECD/DAC より筆者作成。

2001年まで内戦を行っていた国に対する巨額の援助（表序－1）が振り向けられている中で，「脆弱国」として「国家制度」への関心の集中がある一方，国民の大多数が居住する地方農村部の在り様とその評価に対する研究が不足している。結果として，フォーマルな国家制度の強化に向けた国際援助が実施される一方，地方農村部が持っているインフォーマルな自己統治機構は援助の視点，枠組みから抜け落ちてしまう[(23)]。これは，平和構築が本来目指しているはずの，安定的で自立した国家建設という目標を，逆に達成困難にしているように思われる。同時に，国家への関心の集中とインフォーマルな自己統治機構の軽視は，地方農村部の希求を国際社会とフォーマルな中央政府が汲み取ることができないというミスマッチを生む。

そこで本書では，アフガニスタンのような「脆弱国」「紛争影響下国」への国際援助は，国際社会が導入して新たに作られる「国家制度」へ焦点を当てるのではなく，国民の大多数が居住する「地方農村」が平和構築において大きな意味を持つのではないか，という問題関心を持って論を進めてみたい。

紛争影響下にある国家において，その再建と復興のためには国家制度の再構築こそが，国民の生命と財産を守るために喫緊の課題であるという反論もあるだろう。国家制度構築の重要性は疑いもない。しかし，地方農村部において，内戦期間中でもインフォーマルに営まれてきた地域の自己統治機構の機能と役割，つまり，地域社会に根付いたローカル・ガバナンスと地方の自己統治を同時に見ることが，国家制度の構築への取り組みを補完するのである。インフォーマルであるがゆえに，国際援助の枠組みから抜け落ち，結果として国民の声を反映する国家の建設ができないという問題は，紛争影響下国における「地方自治」に光を当てる必要性を示唆する。

イギリスの政治学者ブライスは，「地方自治は民主主義の最良の学校」と喝破し[24]，また，イギリスからの独立を果たし，西漸運動が展開するアメリカを見たトクヴィルは，民主主義における地方自治の重要性を早くから指摘している[25]。中央政府の安定の重要性は明らかであるが，これらの指摘からは，紛争影響下国における中央政府の安定の基礎となる「地方自治」の在り様を検討する重要性を示しているのである。

「紛争影響下」という言葉は，国家に対して付すことができると同時に，地方農村部に対しても付すことができる。そこで本書では，「紛争影響下」という視点を持ちつつ，農村社会の在り方，そして農村社会で営まれる政治，そして地方農村部と中央政府の関係の在り方を検討する。紛争影響下社会としての農村部を考察することを通して，今までそれぞれ別個のレベルとして議論されてきた，「平和構築における国家建設」と地方の自己統治の１つの形としての「地方の自己統治」を，ローカル・ガバナンスに着目して議論していきたい。

3　キーワード

「平和構築」

平和構築を巡る議論の中で，「平和構築」を一般化させた契機は，ブトロス・ガリ国連事務総長報告『平和への課題』の発表であろう[26]。同報告書では，予防外交（preventive diplomacy），平和創造（peace making），平和維持（peace keeping），平和構築（peace building）[27]，そして平和強制（peace enforcement）を提唱した。これら概念は段階的に区分され，予防外交から始まるそれぞれの段階において，国連による対処が構想されていた。予防外交によって紛争の発生を予防し，あるいは，紛争初期における平和創造と平和維持によって紛争の停止と抑制を試みる。そして平和構築は，紛争終結後に「紛争再発を防ぐために，平和を強固にする組織を支援し，平和への機会を高める活動」と定義される[28]。『平和への課題』における平和構築は，あくまで紛争終結後になされることを想定していた。

その後，2000年にはラクダール・ブラヒミによる国連の平和維持活動の再検討が『国連平和活動に関する委員会報告（ブラヒミ報告）』としてまとめられる。同報告書では，平和構築は「平和の基礎を組み立て直し，その基礎に基づき単に戦争が無いという以上の状態を構築する手段を提供する措置」と定義される[29]。ブラヒミ報告の特徴は，平和維持と平和構築が同時並行に行われるべきことを指摘した点である[30]。『平和への課題』とは異なり，時間軸で予防外交，平和維持，平和構築と区分していない。平和構築という概念が，紛争終結後になされる活動から，紛争の予防，平和維持と並行する活動へと概念が拡大したことを示している[31]。パリスは，平和維持と平和構築の区分として，平和維持が停戦監視に焦点を置いた，第一義的に軍事活動とする一方，平和構築を，軍事，非軍事の幅広い機能を含む活動と区分する[32]。そこで本書では，「平和構築」を，「軍事，非軍事を含む，紛争予防から紛争下・紛争後の緊急人道支援，その後の中長期的復興支援プロセス全体」を指す広義の概念と捉える[33]。このように広く定義することによって，単なる紛争や物理的暴力の不在を指す消極的平和ではなく，暴力を生み出す構造の変革までを含む積極的平和の視点を，平和構築概念に取り込むことができるからである。

「脆弱国」「失敗国」「破綻国」

国家の状態に関する概念は，第１章で詳述するが，１つのスペクトラムの中に位置づけることが可能であろう。つまり，スペクトラムの一方の極には，民主的政治体制と市場主義経済の下で安定した国家が「標準的」あるいは「理念型」として想定される。反対の極には，国家が崩壊し，物理的強制力の占有と領域の実効的支配が崩れ，市民に安全を確保することができなくなった「破綻国（collapsed state）」がある。その両者の間に，国家の形態を維持しつつも，不安定な「脆弱国（fragile state）」，国家が機能不全に陥った「失敗国（failed state）」があると整理できる。各概念の定義については，第1章で詳細に検討するが，ここでは，国家の状態が「脆弱国」から「失敗国」そして「破綻国」へと続くひとつの連続するスペクトラムの中に位置づけられることをまず整理しておきたい。

「紛争影響下社会」

「紛争後（ポスト・コンフリクト）」という言葉は相対的な概念である。ブリンカーホフは，「ポスト・コンフリクトが，ある時点において，一国のすべての領域での暴力と衝突の停止を意味することはまずない」としている[34]。同様に，ドイルとサンビーニも「平和は完全ではない。人々を対象とした暴力は……決して完全には排除できない。それゆえ，私たちは平和を，不安定から安定という幅の中で考えるべきである」と指摘する[35]。そこで，ポスト・コンフリクト，そして平和という，明確な区分が難しい概念の精緻化ではなく，様々な形態や程度の紛争の影響を受けざるを得ない人々に焦点を当てた概念が，「紛争影響下（conflict-affected）」という視点である。本書では，紛争影響下を「現在進行中あるいは直近の紛争によって引き起こされる諸問題の影響を受けている状況」と規定する。脆弱国，失敗国あるいは破綻国は，国家としての機能が低下していくスペクトラムの中に位置づけられるが，これらの国が様々な物理的暴力のさらされた時に，紛争影響下国（conflict-affected country）となる。紛争影響下という視点を持つことで，そこに暮らす人々と社会を見る際に，2001年まで続いていた内戦，そして現在も継続する反政府武装勢力との戦闘の影響を背景として見る視点を獲得する。

「ガバナンス」「ローカル・ガバナンス」

ガバナンスの定義については，未だに議論が続いており，確定的な定義が存在するわけではない。その詳細な検討は，第1章において行うが，ここでは，ガバナンスを「権威が行使される伝統と制度」と規定する[36]。そして，ローカル・ガバナンスを「地方において住民に支持されてきた，権威が行使される伝統と制度」とすることで，公的な行政機構だけではなく，社会における権威行使を視野に入れる。

「地方自治」と「自己統治」

地方自治は「民主主義の原理に基づく自治」であり，その具体的内容は団体自治と住民自治を持つ。団体自治とは「国土の一定範囲の地域を基礎とする団体が国から独立した機関として自らが事務を行うこと（法的意味の自治）」を意味する。他方，住民自治は「その地域の事務が国の意思ではなく住民の意思によって処理されること（政治的意味の自治）」とされる[37]。また，地方自治体は一般的に首長および自治体行政府と自治体議会によって構成される法的主体と理解される[38]。このように，一般的な地方自治の概念は，行政機構としての首長と行政府，そして議会というフォーマルなシステムとして理解される。

しかし，邦語における地方自治という言葉は，英語に対置した時その意味概念が微妙に異なることに留意する必要がある。例えば，日本語においては，地方自治を行う主体として地方自治体という言葉が一般的である。しかし，英語においては，地方自治体は，地方政府（local government）となってしまう。さらに，地方自治という言葉も，local autonomy，あるいはlocal self-governing（地方の自己統治）などとなる。

そこで本書では，ある形の地方自治が行われている状況として「地方の自己統治」と表現する。地方自治という言葉は，法的主体としてのフォーマルな行政体を第一義的に念頭に置いている。しかし，本書では，行政機構に拠らない住民による地域運営に考察を向けるために，地方の自己統治とすることで，一般的な地方自治とは異なる「地方の自己統治」が紛争影響下国において営まれていることを明らかにしていく。また，ローカル・ガバナンスが自己統治にお

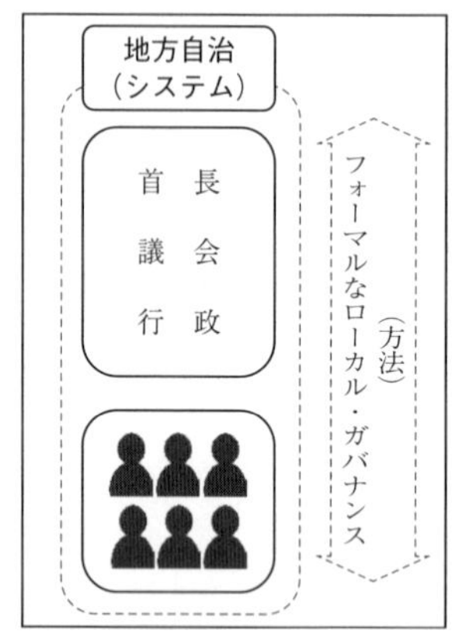

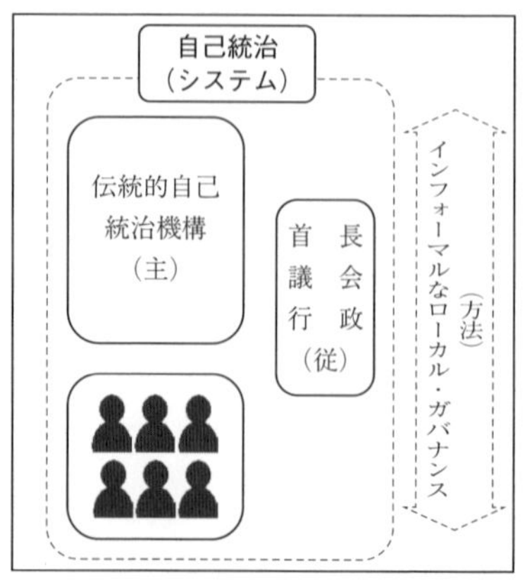

図序－1　地方自治，自己統治，ローカル・ガバナンス

出典：筆者作成。

ける権威行使の方法に焦点を当てていることに対して，自己統治はローカル・ガバナンスが行われる「空間」あるいは「システム」と考えることができる。これらの関係を図示すると図序－1のようになる。

4　自己統治メカニズム解明の意義

本書は，紛争影響下において農村生活を維持運営する地域社会の存在に着目する。本書における目的は，紛争影響下国という「弱い国家」の中で，強い地域社会[39]が国家行政機構を補完，代替して地方における自己統治を行う姿を明らかにすることである。地域社会が自らの領域を自己統治していく姿は，自分たちのことを自分たちの手で運営していくことであり，結果として，紛争影響下において，国家行政機構が果たすことができない地方における行政サービスを補完しているのである。

そこで，紛争影響下にある農村社会を，国家建設の文脈に照らしながら考察する際に，検証すべきは，「政府が崩壊していくような中で，地方農村部の人々の社会的生活を維持することを可能にしてきた『メカニズム』は何か」という問いである。

中央政府が崩壊するような状況において，それを代替する役割を担うのが，地方の社会である。また，国家が働かなくなり，さらに地方が社会としてのまとまりを失い，そこに住む人々に対して国家に代替する機能を提供できなくなった時，地域社会の人々は，自らの生活を守るためには，地域に伝統的に存在していた自己統治機構に頼るしかなくなってしまうのである。国家や地方行政が消えてしまえば，そこに残っているのは，村という共同体を伝統的に維持させてきた自己統治機構となるのである。[40]

これまでの平和構築に関する研究では，国家の再建を重視し，国家が人々に安全と行政サービスを提供できるようにすることに焦点が当たっていた。平和構築のためには，まず国家の行政機構の再建と強化，そして民主的政治体制の確立が主眼とされているのである。しかし，既述のように，現代にいたるまでの平和構築の実践では，紛争後の平和構築の取り組みにおける成功例は非常に少ない。1980年代後半以降からの平和構築に関する議論，それに基づいた現実における取り組みとその結果は，平和構築が目的としている平和で民主的，かつ安定した国家の再建を達成することの難しさを示しているのである。これは，既存の平和構築へのアプローチを再考する必要性を示唆している。また，平和構築における中心的な議論としての国家再建を優先する議論に対する批判として登場してきたハイブリッド・アプローチに関しても，平和構築のボトムアップの重要性が指摘されつつも，その具体的方法については，各国や地域の歴史や文脈の差異もあり，研究が深められてこなかった。ここに，既存の平和構築における議論を再検討していく必要性がある。そこで本書では，既存の議論においては，紛争影響下国における現地社会の持つ強み，そして「地方の自己統治」への視点が欠けていると考え，農村社会におけるインフォーマルな「自己統治」に着目する。

「政府が崩壊していくような中で，地方農村部の人々の社会生活を維持することを可能にしてきた「メカニズム」は何か」という問いを通して，既存の平和構築に関する議論が強調する国家制度の構築という視点だけでは捉えられない，地域における自己統治のメカニズムを明らかにする。

もちろん，地域における自己統治メカニズムは，平和構築の取り組みが行われる紛争影響下にある社会だけのものではない。[41]しかし，安定した政府の下ににおける自己統治メカニズムは，中央政府や行政機構の再建が必要とされるような状況の中のものとは異なる。紛争影響下では，限られた国家予算を治安対策に大きく振り分けながら，中央政府を再建しつつ，地方の要望に応えるような対応は難しくなるからである[42]。ここにおいて，紛争影響下という状況における地方の運営メカニズムの持つ役割を見直し，インフォーマルな「自己統治」という視点を持つ必要性が出てくるのである。

そこで本書では，文献調査とともに，現地聞き取り調査に依拠しつつ，以下のようなアプローチを以て検討を進める。まず文献調査に基づいて既存研究を検討することで，平和構築における国家の再建と制度構築を主眼とする主流の議論を整理し，既存研究の問題点を明らかにし，本書の意義を明確化する。次いで現地における半構造化インタビュー調査によって「紛争影響下で農村に暮らす人々はどのような生活を営んでいるのか」を明らかにすることで，地方における自己統治が行われる場としての地方農村部の在り様を探る。また，文献によって地域の歴史的背景も跡づけながら，現地調査で「地方の自己統治」が紛争影響下においても秩序とまとまりを持った自治メカニズムを通して行われていることを示す。最後に，既存研究と現地調査を突き合わせながら，ガバナンスという言葉を手掛かりに，現地社会が持つローカル・ガバナンスと「地方の自己統治」の関係性を明らかにする。自己統治が行われる場としての「地方の生活」「自己統治の具体的メカニズム」そして，「既存のガバナンス論と地方農村部社会」を検討することで，本書の問いに答えていく。

本書における検証にあたっては，地域に根付いたローカル・ガバナンスへの住民の支持，地域における自己統治機構の権威行使の在り方を手掛かりとする。紛争影響下にある農村社会を事例として，地域社会に根付いたローカル・ガバナンスとそれに依拠した「地方の自己統治」を検証することで，国家制度構築を中心とする既存の紛争影響下国支援の議論が不十分であることを論じる。同時に，今後の平和構築に関する議論を深めていくために，紛争影響下国における「地方の自己統治」に着目する有効性を示したい。

5　なぜアフガニスタンか

調査対象国の選定

本書における対象国の選定は，脆弱国[43]を巡る国際社会の議論に依拠した。脆弱国への国際社会の取り組みは，2005年の OECD による「援助効果向上のためのパリ宣言（Paris Declaration on Aid Effectiveness）」が一つの大きな流れを作り出した。ここでは，紛争および脆弱性を抱えた国や地域の援助効果向上のために，特別な手段の必要性が認識された。

これを受けて，2007年 OECD は，脆弱国に対する支援の在り方の原則を定める “Principles for Good International Engagement in Fragile States and Situations” を発表した。その趣旨は，脆弱国における国際的関与を改善するために，ドナーに対する政策指針を示すことにあった。次いで2008年，Dili Declaration on peacebuilding and Statebuilding が公表され，International Dialogue on Peacebuilding and Statebuilding が立ち上げられる。脆弱国に対する支援を検討するために，これらの成果を踏まえたものが，2011年，釜山における第４回援助効果向上のためのハイレベルフォーラム（HLF）における New Deal である。OECD に事務局を置く International Dialogue on Peacebuilding and Statebuilding は，釜山 HLF において，New Deal が各国大臣レベルの署名を以て支持された[44]。この New Deal では，自薦により７つの国（①アフガニスタン，②中央アフリカ共和国，③コンゴ民主共和国，④リベリア，⑤シエラ・レオネ，⑥南スーダン，および⑦東ティモール）がその取り組みのパイロット国となった[45]。アフリカ５か国と，アジアからアフガニスタンと東ティモールの２か国が選定されている。

そこで本書では，これら７か国のうち，アフガニスタンを検討対象として選び出した。これら７か国に関して，2014年の UNDP 人間開発指数（Human Development Index）を通して貧困と開発について見てみると，③コンゴ民主共和国が187か国中186位と世界で２番目に貧しい国となる。次いで②中央アフリカ共和国が同185位，⑤シエラ・レオネ（183位），④リベリア（175位），①アフガニスタン（169位），⑥南スーダン（166位）[46]，そして⑦東ティモール（128位）となる[47]。

貧困状態に着目すると，以上のような順位になるが，ここに，各国の歴史的背景に着目すると，これら7か国のうち，アフガニスタンを除く6か国は，近代史上においていずれかの植民地支配あるいは欧米諸国の統治を受けている[48]。一方，アフガニスタンは，3度の対英戦争を経てもなお，外交自主権等の主権制限がなされていたものの，直接的な植民地支配を免れた。さらに，1979年以降の旧ソ連軍の直接軍事侵攻を経験しているが，ソ連による併合や直接支配は受けていない。従って，アフガニスタンでは，地域社会が現地の文化や伝統の下で，植民地支配を受けた国々よりも，より明確な形で現在にまで至っているといえる。つまり，アフガニスタンは，紛争の影響を受けた貧困国であり，なおかつ，植民地を経験した国よりも地域社会への外部（宗主国等）の影響が少ないため，本書において，地域社会を検討する目的により適していると考えた。

また，アフガニスタンでは，国際社会が巨額の支援を通じて国家建設に取り組んでおり，紛争影響下における平和構築が大規模に展開されている。現代アフガニスタンでは，対テロ戦争という文脈から，米国，NATO 諸国，そしてアフガニスタン政府による軍事作戦が，巨額の軍事援助を伴って実施されている。民生支援については，タリバン政権に代わる民主的政府の樹立という形で，国際社会から支援が行われている。これらの大規模な軍事および民生支援から，紛争の影響と国家建設を，非常に明確な形で見ることを可能にする。

このような大規模な国際援助も背景となり，アフガニスタンは，世界でも最も汚職が深刻な国の1つとなっている。トランスパレンシー・インターナショナルの2015年世界汚職指数調査によれば，168か国・地域の中でアフガニスタンは166位であり，その汚職の深刻さが分かる[49]。この汚職の深刻さからは，政府の統治能力の低さと法の支配の弱さを見ることができる。

アフガニスタンについては，国際社会が大きな関心を持って支援に臨んだことから，2001年以降の同国の平和構築と国家建設については，英語文献を中心に，多くの研究蓄積がある。以上の理由から，検討対象国としてアフガニスタンを選定した。

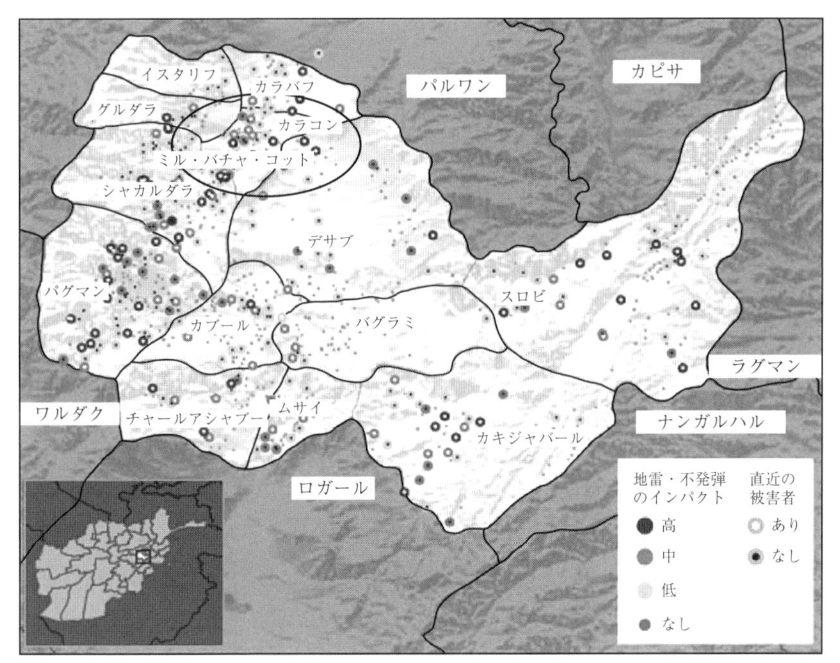

図序－2　カブール州の地雷・不発弾分布

出典：*Landmine Impact Survey* (2005).

調査対象地の選定

アフガニスタン国内の調査対象地選定に関しては，紛争の影響を大きく受けた，アフガニスタン・カブール州北方郡部に位置するカラコン郡[(50)]およびミル・バチャ・コット郡の両郡を選び出した。アフガニスタンは全34州で構成されており，中央政府の下に州政府，そして郡政府が設置されている。カブール州は同国の中央東部に位置し，カブール州の中心に位置するカブール市の外側には，13の郡が取り囲んでいる。カブール州は，1970年代以降の内戦において，首都争奪をめぐる激戦が行われた地域であった。

カブール市を陥落させるためには，周辺の郡部が戦略的要衝となるため，1970年代からの戦闘では，幹線道路を擁するカブール州郡部は，戦闘地帯となった。図序－2は，2005年に発表された地雷影響調査に基づいて，カブール州内のカブール市および周辺13郡の地雷・不発弾分布を示している[(51)]。同図から

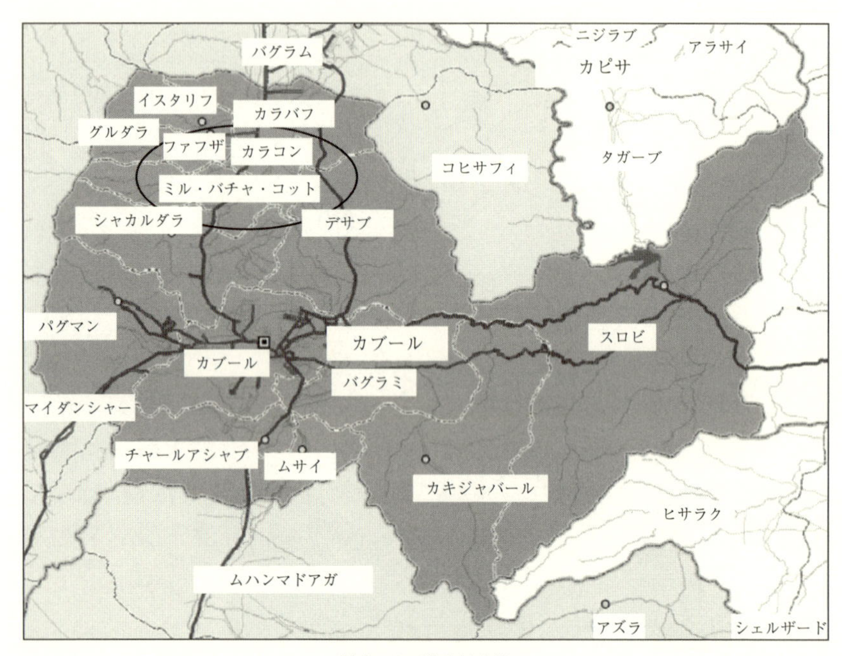

図序-3 調査対象地

出典：Afghanistan Information Management Service より筆者作成。

は，両郡において地雷・不発弾のインパクトは高く，なおかつ近年地雷・不発弾による被害者が発生していることが分かる。カラコン郡およびミル・バチャ・コット郡は幹線道路を擁し，北から南下して首都カブールを攻撃する際の経路であり，同時に，カブールから北上して，北へ攻め上る際の要衝となるため，地雷が多く埋設されるとともに，戦闘の結果として不発弾が多数残されることとなった。これは，両郡が内戦の戦場となり，紛争の影響を強く受けた地域であることを示している。

そこで，紛争の影響を強く受けた両郡を調査対象として選定した（図序-3）。紛争の影響を強く受けつつ，現在，両郡は安定した治安を維持している。本書では，カラコン郡およびミル・バチャ・コット郡を，過去に紛争の影響がありながら，現在安定した治安の中でどのように地域を運営しているかを検討することを目的として選定した。同時に，調査の制約条件となる，フィールドワークを行うに当たっての治安リスクも勘案して両郡を選び出した。

6　インタビューの方法と効果

本書は，調査方法としてフィールドワークと文献調査とに基づいて検討を行っている。文献調査では，多くの研究が蓄積されている英語文献および邦語文献を中心に，現地側の視点を探り出すために，現地報道やダリー語文献も可能な限り参照することとした。また，フィールドワークにおいては，質的調査を採用した。フィールドワークを利用した調査については，統計的に調査対象地を捉える定量的調査と，調査対象の多様で多面的な側面を捉えようとする定性的調査があるが，本書では質的調査となる，半構造化インタビューによる定性的調査手法に依拠している。

そもそも，調査対象としてのアフガニスタン全域での定量的調査は，大規模であるうえに，治安リスクもあって不可能である[52]。また，調査対象地における定量的調査も，地域の一面を数値化することは可能であっても，そこには生活の実態を浮かび上がらせることに困難がある。大野は調査報告書に記載するような客観的事項を重視したフィールドワークを見直した時，そこには客観的，抽象的な記述，つまり，「だしがら」のみが残り，人々と自らが関わりあうことで得ることができた生々しい様子，「だし」を捨てて帰って来たのではないかと感じたという。その時，「指の間から大切なものをもらしてしまっていたということを，はっと我にかえって気がついた」と述べている[53]。この記述は質的調査という言葉は使用していないが，定量的調査で抜け落ちてしまう声を拾う重要性を指摘しているといえる。ただ1つの真理が理性によって発見されるのではなく，複数の視点がある[54]ような社会の分析において，定量的に，客観的に現地を考察することは，地域社会の一面を抜き出すことには成功する。しかし，定量的，客観的考察のみでは，その背景にある生活に根付いた実態の多くを見落としてしまうだろう。

そこで，本書は現地社会により近接して検討を行うために，インタビューを現地調査手法として採用する。インタビュー手法については，インタビューの形式として多様なものがある中で，調査目的に従って構造化，半構造化，非構造化，そして集団あるいは個別インタビュー等，それぞれの手法を選ぶ必要がある。[55]本書においては，質問項目を事前に設定しつつ，対話を通して多様な回答を得る半構造化インタビューの手法を採用した。[56]その理由は，調査対象者から，かれらの生活をできるだけ詳細に聞き出すことに焦点を当てたからである。また，個別にインタビューすることで，ひとりひとりの個人的な語りを聞き取ることが可能となった。ここにおいて，調査者と調査対象者の対話を重視し，語りを引き出すアクティヴ・インタビュー[57]は，本書の質的調査を実施する際には，インタビューから対話を引き出すことでより深い語りを得ることができるため有益である。調査者が聞き取りたいことを追っていく通常のインタビューとは異なり，アクティヴ・インタビューは調査者と調査対象者の相互行為として，語りを引き出すことを可能とするからである。

構造化インタビューを通じた定量的調査に対しては，以下のような疑問を投げかけることができるだろう。つまり，調査者に対して，回答者は純粋な情報を保持していて，質問を投げかければ正確で的確な情報を提供する，「情報の収納庫」，「回答の容器」なのか。そして，質問者は，機械的に質問を投げかけ，正確に情報を受け取る，透明で中立な存在であり，機械的に中立に情報を受け取れるのか，という疑問である。[58]

この疑問に対する直接の回答は，否であろう。調査における回答者は，調査者が望むような答えを提供しようとするかもしれないし，また，調査者も中立ではなく，主観や先入観から自由でもないだろう。手法としての構造化インタビューは，すべての調査対象者に対して画一的質問項目のみを調査していくため定量的な調査には適しているが，他方で調査者が望むような回答を対象者は提供しようとする可能性があり，一面的な回答のみが集積される可能性がある。また，調査対象者との自由な対話のみに依拠する非構造化インタビューは民族誌や言説の分析には適しているが，同一項目を調査対象者に照会していくわけではないため，調査対象者の全体的な傾向を把握することが困難となる。だからこそ，本書では，構造化インタビューによる定量的調査ではなく，また，非構造化インタビューによる自由な言説の収集でもなく，事前に質問を設定しつつ，対話を通じて回答者の声を拾う半構造化インタビューを採用した。

本書の意図する農村社会の在り様を捉えるためには，単純に客観的，定量的手法で情報を収集するのではなく，調査対象者との一定程度の対話を通して，質的調査を行う半構造化アクティヴ・インタビュー形式を取る意味があると考える。筆者は2003年から調査対象地における元戦闘員や農民たちと，調査を通じて関係を構築し，以後断続的に調査対象地を往訪し，あるいは面談を行い，冠婚葬祭への出席などを重ねてきた。この約13年にわたる関係を基礎に，アクティヴ・インタビューの前提となる信頼感（ラポール）は，ある程度構築できたと考える。

ここで，インタビューの記録方法について付言しておく。インタビューの記録方法には，具体的には，①録音機器による記録，②ノートへの記述，③インタビュー後の記録，の３つの方法であり，それぞれに長所と短所がある[59]。本書における現地調査では，回答者の同意を得たうえで，録音機器によって半構造化インタビューの内容の一切を記録した。また同時に，ノート記述によって筆者が重要と思われる箇所を記録する形で，録音機器による記録を補完した。なお，録音機器の短所とされる回答者への威圧感[60]などを可能な限り低減する目的で，回答者には事前の了解を取ったうえで，小型の録音機を，対話中には目につかない場所に設置した。

従って本書では，定性的調査を，半構造化インタビューという形式によりながら，アクティヴ・インタビューという手法も利用する調査方法を採用した。定性的調査における半構造化インタビュー形式を対話的に利用したフィールドワーク[61]のために，カラコン郡およびミル・バチャ・コット郡というアフガニスタンの一部という小さな単位を調査対象として選定した。調査対象を絞り込み，地方農村社会からの視点を大切にすることで，地域をより詳しく見ることが可能になってくる[62]。さらに調査対象を絞っていけば，「人物中心の民族誌（person-centered ethnography）」にまで行き着くであろう[63]。このような人に焦点を当てた接近手法は，「個別の民族誌（ethnography of the particular）」となる[64]。個別の民族誌という手法の利点は，調査を通じて一般化をするのではなく，個別具体的な事象と人々を詳細に見ていくことで，外部者が文化人類学や社会科学の言説を相対化（distancing）する視点を持ち得ることができるからである[65]。しかし本書では，個別の民族誌というレベルにまで極小化して既存言説と対峙するのではなく，地域の人々の声をできるだけ拾いながらも，既存の平和構築の議論と照らし合わせながら，地域と国家という視点から論を進めたい。

本書においては，少数のサンプルをローカルな現場で聴取していくこと，すなわち，アフガニスタンの一部ではあるが，そこに焦点を当て，より詳細に地域を見ていく手法の質的調査を実施した[66]。事例研究を通して積み上げられる知識は，潜在的一般化の可能性を持つ[67]。さらに，1つの事例研究としての本書は，一般的理論への発展までは射程に収めることはできないが，個別事例から得られる知見を基にして，既存理論との対話する機会を提供する。事例研究とは，1つの事例を研究することで，一般的な現象やカテゴリーに関する理解が深まるのである[68]。

本書では，調査対象地でのフィールドワーク結果を通して，農村自己統治機構の統治形態が，紛争影響下の社会において新たに重視すべき社会制度であることを提示する。それは，本書が調査対象として取り上げた事例を，地方農村部という多くの国で国民の大多数が居住する部分の中の1つとして理解することで，今後の紛争影響下社会へのアプローチに対して，新しい視点を提供することである。

本書において事例とするカラコン郡およびミル・バチャ・コット郡の地理的範囲についてはアフガニスタンの行政区分に従った。また，調査期間の，2003年から2015年までの間に，筆者は断続的に両郡を対象としてフィールドワークを行ってきた。2003年から2006年までの期間と2012年から2015年までの期間に現地での調査を行った。2003年から2006年までのフィールドワークでは，カラコン郡およびミル・バチャ・コット郡を往訪し，住居の訪問，調査対象者1名に対して1時間から2時間の生活等を含めた半構造的インタビュー並びに，必要に応じた自由回答による個別聞取りを行い，基礎的な調査を行った。2012年から2015年においては，以前の基礎調査の際に築いたラポールに依拠し，さらに詳細な調査を行った。調査対象者の選出は，郡知事，地域の長老（シューラ・メンバー）に協力してもらい選出し，さらに調査対象者の知人などにも依頼した。また，2012年からの調査では，2003年から2006年までの調査対象者をさらに絞り込み，調査対象者とした。調査にあたっては，調査対象者１名に対して１時間から２時間の個別の半構造的インタビューを行うとともに，個別の追加的非構造的インタビューを実施した。いずれのフィールドワーク機会においても，治安リスクを勘案し，現地での宿泊は控えた。また，半構造化インタビューにあたっては，ダリー語を使用した。[69]

調査対象者となったのは，両郡の村落居住者，具体的には，村落に居住する，農民，元戦闘員，地域指導者70名である。[70] さらに，アフガニスタンの国家安全保障問題担当大統領補佐官，大臣，副大臣，憲法制定委員会議長等に対しても補完的な非構造的インタビューを実施した。これら非構造的インタビューは個別に１時間程度まで実施し，追加的にメールでの交信を行った。

7　本書の構成

本書は全体で６章となっている。本章においては問題関心と検討すべき課題を提示し，本書の方向を示したが，次章以降，以下の通りの構成で論を進める。まず，第１章では，既存研究を概観し，本論と既存研究との関係を明示しつつ，本書における問いの意義を明らかにする。次いで第２章でアフガニスタン農村社会の実態を明らかにし，紛争国というイメージとは異なる農村社会の在り様を示す。そして第３章において，農村社会で営まれている「政治」を分析し，地方農村部においては，中央政府が不在であっても営まれてきた自己統治機構「シューラ」が，地方運営の主体として，住民からの支持と信頼を基に意見や問題をくみ取り，農村部における意思決定を行い，様々な日常の問題解決を担ってきたことを示す。また，このような強いシューラを持つ地方農村部が，地域の開発やインフラ整備等のために中央政府を積極的に利用していることを論じる。そして第４章では，開発におけるガバナンス論を手掛かりに，農村部で行われているシューラの運営を，もう１つの「地方自治」，つまり「地方の自己統治」として論じ，国際社会が前提とするガバナンスという概念が，人々が理解し，地方農村部で実際に行われているローカル・ガバナンスと異なっていることを論じる。最後に終章において，結論と今後の示唆を提示する。

註

(1) UN ESCAP, 'UN ESCAP : Make the Voices Heard of the 1.5 Billion People in Fragile & Conflict-Affected Areas,' *Press Release*, UN ESCAP, 23 February, 2013.

(2) 'UNICEF Launches US＄3.1 Billion Appeal to Reach More Children in Emergencies,' *Press Release*, UNICEF, 29 January, 2015.

(3) アフガニスタンにおける主たる公用語は，ペルシア語（فارسی：Farsi）の方言とされるダリー語（دری：Dari）である。ペルシア語の日本語仮名表記については，黒柳や縄田による精緻な言語学的考察がある。黒柳恒男，『新ペルシア語大辞典』，東京：大学書林，2002年；縄田鉄男，『ペルシア語辞典』，松江：報光社，1981年。しかし，本書中では，ダリーの日本語仮名表記については，本邦内の一般的呼称を優先した。例えば，ダリーに従えば，カーブル（کابل）となるべきであるが，「カブール」と文中では表記した。また邦語であまり一般化していないダリー表記については，ダリーの発音に依拠することとする。

(4) パキスタン，イランとの国境付近を除けば，難民になるためには国内を移動し，さらにパキスタン，イランへと越境するだけの現金が必要であった。

(5) アフガニスタンにおける基礎教育では，英語は必須ではない。そのため，英語等の外国語は，中等~高等教育課程で修得することとなる。パキスタンで難民となった人々の多くは，同国における生活と教育の中で，英語を身に付けることができた。

(6) Migdal, Joel S., *Strong Societies and Weak States : State-Society Relations and State Capabilities in the Third World*, Princeton, N. J. : Princeton University Press, 1988, p. 4.

(7) イーストンは，社会における利益や不利益という様々な価値の配分が，人々によって従うべきと理解されることを権威的配分とする。そして，政治を「社会に対する諸価値の権威的配分」と規定している。Easton, David, *The Political System : An Inquiry into the State of Political Science*, New York : Knopf, 1971, p. 129.　国家の決定や政策が，領域内の大多数の人々によって従われなくなった時，国家の政治が機能しなくなったということができるだろう。

(8) 篠田は，近代西欧国民国家体系の中においては，国家という単位に基づいて「国際社会」が構成されているため，国際社会という全体に負の影響を与える破綻国家等に対しては，構成要素としての「国家」となることが要請されるとする。篠田英朗，『平和構築入門』，東京：ちくま新書，2013年。

(9) Russet, Bruce, *Grasping the Democratic Peace : Principles for a Post-Cold War*

World, Princeton, N. J.: Princeton University Press, 1993.

(10) Paris, Roland, *At War's End: Building Peace after Civil Conflict*, Cambridge: Cambridge University Press, 2004.

(11) 橋本行史編著,『現代地方自治論』, 京都：ミネルヴァ書房, 2010年, p. i. 井出は, 邦語においては, ローカル・ガバメントを「地方政府」と訳さずに「地方自治体」と訳される背景について, 政治もしくは統治に関わる要素が排除され, 行政としての地方自治という日本の地方自治理解を指摘する。井出嘉憲,『地方自治の政治学』, 東京：東京大学出版会, 1977年, 6～8ページ。

(12) 本書では, 国家の行政機構に属していないという意味で「インフォーマル」という言葉を使っている。

(13) 国家を通じた国際援助は, 通常交換公文（Exchange of Note）を通じてなされるため, 国際約束となる。

(14) Lasswell, Harold D., *Politics: Who Gets What, When How*, Cleveland; New York: World Publishing, 1958.

(15) 筆者によるK19との現地聞き取り調査。

(16) 本書では, 邦語で一般化している「モスク」と日本語表記しているが, ダリー語では, マスジッド（مسجد：Masjid）と呼ばれている。

(17) このような男女の区分は, 布やカーテンを意味するパルダ（پرده：Pardah）と呼ばれる。パルダは, 屋内等で, 家族以外の男性が女性と同室になる時, 男性の視線から女性を遮る目的で, 天井から吊るす大きな布や女性を覆うヴェイル等を指す。それが思春期を過ぎた適齢以上の男女を区分する生活習慣一般にまで拡大されたと考えられる。

(18) 次章で検討するように, パリスは, 1980年代からの平和構築ミッションの多くが, 紛争再発を防止し, 国際支援減少後でも継続的に安定する民主的政府を樹立する, という点から考えると, 成功とはいえないとしている。Paris, *op.cit.*, 2004.

(19) OECD, *Principles for Good International Engagement in Fragile States and Situations*, OECD, 2007, The International Dialogue on Peacebuilding and Statebuilding, *A New Deal for Engagement in Fragile States*, 2011.

(20) Scott は, 近代国家と政府が操作をより容易にするために, 言葉や法制度の標準化や国民の統計的把握などを通じて, 社会の持つ多様な側面の一部分に焦点を当てることを「シンプリフィケーション」として着目した。Scott, James C., *Seeing Like a State: How Certain Schemes to Improve the Human Condition Have Failed*, New Haven: Yale University Press, 1998.　佐藤仁は Scott のシンプリフィケーション概念を途上国における開発問題に適用し, 幅広い可能性を持つ視点としてシンプリフィケーションを提示した。佐藤仁,『稀少資源のポリティクス――タイ農村にみる開発と環境のはざま』, 東京：東京大学出版会, 2002年。このようなシンプリフィケーションの持つ働きは, 政府のみならず, 国際社会が途上国や紛争国を見る時，実態の多様性ではなく，分かりやすい一面を切り取るという意味で，私たち自身が時として囚われていると考えることができる。

(21) USAID, 'Foreign Aid Trends,' United States Agency for International Development, 〈https://explorer.usaid.gov/aid-trends.html〉（最終アクセス：2015年9月18日）。なお，上記金額には，軍事と民生の両方の支援額を含む。

(22) アフガニスタンに流入する巨額の支援が報じられる一方で，国民の多くが2001年以降の開発に不満を持っているという調査結果も出ている。The Asia Foundation, *Afghanistan in 2014 : A Survey of the Afghan People*, Kabul, Afghanistan, 2014. アジア財団の調査では，子供の教育，きれいな飲用水，病院，薬品，灌漑，電気供給の入手可能性に焦点を当て，公共財へのアクセスについて国民の満足度を調べている。これら6項目平均で，56％が満足，あるいはある程度満足と回答しているが，逆に半数近くの44％が，満足していないことになる。

(23) もちろん NGO 等による非国家アクターによる支援では，地域に根付いた自己統治機構や住民組織との密接な関係を持って進める事業が多くある。しかし，資金規模の大きい政府開発援助は，公的資金を原資とする性格上，「公的な」政府機構を使った援助の実施を指向する。

(24) ブライス，ジェームス；松山武訳，『近代民主政治』，東京：岩波書店，1984年，第1巻，160ページ。

(25) トクヴィル，アレクシ・ド；松本礼二訳，『アメリカのデモクラシー』，東京：岩波書店，2005年，特に第1巻（下），209～210ページ。

(26) Boutros-Ghali, Boutros, *An Agenda for Peace*, UN Doc. A/47/277-S/24111, June 1992. ブトロス・ガリ，ブトロス，『平和への課題』，東京：国際連合広報センター，1995年。

(27) 1992年に発表された『平和への課題』においては，平和構築は，紛争後に機能するものと想定され，「紛争後の」平和構築と表現されている。

(28) Boutros-Ghali, UN Doc. A/47/277-S/24111, para. 13.

(29) United Nations, *Report of the Panel on United Nations Peace Operations*, UN Doc. A/55/305-S/2000/809, para. 13. 邦語訳については，篠田英朗「平和構築概念の精緻化に向けて――戦略的視点への準備作業」『広島平和科学』24，2002年，28ページに拠った。

(30) 等雄一郎，「平和構築支援の課題〈序説〉」『レファレンス』(674)，国立国会図書館調査及び立法考査局，2007年，7～8ページ。

(31) 平和構築概念の発展については，篠田が詳細に検討している。篠田英朗，前掲論文，2002年。

(32) Paris, *op.cit.*, pp. 38-39. パリスは，平和構築活動としては，選挙管理，判事，法律家，警察官の再訓練，現地の政党と NGO の育成，経済改革の計画と実施，政府機関の再編成，報道の自由の促進，緊急人道支援と財政支援の提供などを挙げる。

(33) 稲田十一編，『紛争と復興支援――平和構築に向けた国際社会の対応』，東京：有斐閣，2004年。特に47～50ページ。

(34) Brinkerhoff, Derick W., ed., *Governance in Post-Conflict Societies : Rebuilding Fragile States*, London : Routledge, 2007, p. 3.

(35) Doyle, Michael W. and Nicholas Sambanis, *Building Peace : Challenges and Strategies after Civil War*, Washington, D. C. : The World Bank, 1999.

(36) ここでは，カウフマンらによるガバナンスの定義を仮置きしておく。Kaufmann, Daniel, Aart Kraay and Pablo Zoido-Lobaton, *Governance Matters*, World Bank, Policy Research Working Paper 2196, Washington, D. C. : World Bank, 1999, p. 1.

(37) 橋本編著，前掲書，5ページ。

(38) 山田光矢・代田剛彦編，『地方自治論』，東京：弘文堂，2012年，15～23ページ。

(39) もちろん，すべての地域社会が強いわけではない。アフガニスタンにおける現地調査においても，村において住民がまとまることができない事例に出合った。例えば，地域の有力者（コマンダー）が村において灌漑水路が通る場所や公共施設建設に従事する地域住民の選定を決定するなど，村の意思決定を代替するような事例である。しかし，中央の政治状況や地域の有力者が移り変わっていく中で，村や地域がまとまりを持ち，地域を運営する「強い地域社会」を，アフガニスタンに限らず，多くの開発途上国で見出すことができる。

(40) 共同体，地方行政，国家，という3者を見ると，共同体社会や血縁，氏族社会の方が国家や地方行政よりも古く，地域に根付いているからこそ，国家や地方行政がどのようになろうとも機能し得る，といえる。

(41) 都市部は，紛争影響下であっても様々な援助や首都を抑えた側による行政サービスなども一定程度あり，援助や行政の手が届きにくい農村とは様相を異にする。

(42) 時間軸を変えて，紛争の影響下になかった，政府が地方においても十分に行政機能を発揮できる状況の時にはローカル・ガバナンスの在り様については，同一地域でも時期によって変容があるかを，歴史的な視点から考察する必要がある。

(43) 第1章で検討するように，脆弱国が紛争の影響下にある時に，「紛争影響下国」となる。

(44) The International Dialogue on Peacebuilding and Statebuilding, 'Origins of the International Dialogue,' 〈http://www.pbsbdialogue.org/about/origins/〉（最終アクセス：2015年6月12日）.

(45) The International Dialogue on Peacebuilding and Statebuilding, *A New Deal*, 〈https://www.pbsbdialogue.org/media/filer_public/07/69/07692de0-3557-494e-918e-18df00e9ef73/the_new_deal.pdf〉（最終アクセス：2015年10月12日）。なお，ここでの国名の順番は，New Deal における記載順に従った。

(46) 人間開発報告書では，南スーダンは，スーダンのデータに含まれるとされている。UNDP, *Human Development Report 2014*, N. Y.: Published for the United Nations Development Programme [by] Oxford University Press, 2014, p. 156.

(47) UNDP, *ibid.*

(48) ②中央アフリカ共和国は旧フランス領，③コンゴ民主共和国は旧ベルギー領，④リベリアはヨーロッパ列強によって完全な植民地化はされなかったが，米国等からの黒人移民によって成立し，旧米国保護領，⑤シエラ・レオネは旧イギリス領，⑥南スーダンは，19世紀のオスマントルコ支配およびイギリス・エジプト共同統治。⑦東ティモールは旧オランダ，ポルトガル領。

(49) Transparency International, 'Corruption Perceptions Index 2015,' 〈http://www.transparency.org/cpi2015#downloads〉（最終アクセス：2016年２月14日）

(50) 本書では，Kalakan とアルファベット表記されるが，現地での発音に倣い，邦語では「カラコン」とした。

(51) Islamic Republic of Afghanistan, *Landmine Impact Survey*, Mine Clearance Planning Agency and Survey Action Center, Kabul, Afghanistan, 2005, p. 99.

(52) アフガニスタンでは，国勢調査も1978年以降なされていない。

(53) 大野盛雄，『フィールドワークの思想：砂漠の農民像を求めて』，東京：東京大学出版会，1974年，174~176ページ。

(54) ニーチェ，フリードリッヒ；木場深定訳，『道徳の系譜』，東京：岩波書店，2010年。

(55) デンジン，ノーマン K.，イボンナ・S・リンカン編；大谷尚・伊藤勇編訳，『質的研究資料の収集と解釈』，京都：北大路書房，2006年，41～68ページ。

(56) 半構造化インタビュー質問票は巻末の参考資料Ⅱを参照。

(57) ホルスタイン，ジェイムズ，ジェイバー・グブリアム；山田富秋［ほか］訳，『アクティヴ・インタビュー――相互行為としての社会調査』，東京：せりか書房，2004年。

(58) 藤田結子・北村文編，『現代エスノグラフィー――新しいフィールドワークの理論と実践』，東京：新曜社，2013年，57ページ。

(59) メリアム，シャラン；堀薫夫・久保真人・成島美弥訳，『質的調査法入門――教育における調査法とケース・スタディ』，京都：ミネルヴァ書房，2004年，127～128ページ。

(60) メリアム，前掲書，127～128ページ。

(61) 本書における定性的，質的調査は，フィールドワークから理論を生成することを目的とはしていない。その意味では，グラウンデッド・セオリーの志向を持っていない。グラウンデッド・セオリーについては，Strauss, Anselm L., *Qualitative Analysis for Social Scientists*, Cambridge; New York: Cambridge University

Press, 1987. 特にグラウンデッド・セオリーの目的，つまり理論の生成と検証については，p. xi. なお，グラウンデッド・セオリーという言葉については，研究手法としてのグラウンデッド・セオリー・アプローチ（GTA）と，その結果としてのグラウンデッド・セオリーの両義がある。木下康仁，『グラウンデッド・セオリー論』，東京：弘文堂，2014，7ページ。本書では，アプローチとしての GTA を採用してはいない。

(62) 箕浦康子編著，『フィールドワークの技法と実際』，京都：ミネルヴァ書房，1999年。

(63) Sanjek, Roger, ed., *Fieldnotes : the Makings of Anthropology*, Ithaca, N. Y. : Cornell University Press, 1990.

(64) Abu-Lughod, Lila, 'Writing against Culture,' in Richard G. Fox, ed., *Recapturing Anthropology : Working in the Present*, Santa Fe, N. M. : School of American Research Press : Distributed by the University of Washington Press, 1991, p. 150.

(65) Abu-Lughod, *ibid.*, p. 158.

(66) 少数の事例を扱うことの意義については，補論を参照。

(67) パンチ，キース F. ; 川合隆男監訳，『社会調査入門――量的調査と質的調査の活用』，東京：慶應義塾大学出版会，2005年，207～211ページ。

(68) Hughes, John A. and W. W. Sharrock, *Theory and Methods in Sociology : An Introduction to Sociological Thinking and Practice*, Basingstoke : Palgrave Macmillan, 2007, p. 224.

(69) 必要に応じ，英語の通訳も利用し，理解の正確さを期した。

(70) 調査対象者一覧は巻末の参考資料Ⅲを参照。

第1章
平和構築をめぐる議論
——リベラル・ピース論とガバナンス論——

1　国家の在り様と平和構築

2003年11月，筆者は初めてアフガニスタンへと足を踏み入れた。以後約３年間，アフガニスタンにおいて，国際 NGO の駐在職員，後に現地代表として，元兵士の社会復帰，戦争未亡人支援，そして地雷・不発弾除去事業に携わった。約３年にわたる期間の間，多くの元ムジャヒディンやアフガニスタンの村人たちと接する時間を持つことができた。2000年代前半のアフガニスタンは，タリバン政権が崩壊し，新しい政府が，国際社会の支援の下に建設され，多くのアフガニスタンの人々が，紛争の時代が終わり，やっと新しい時代へと移り変わるという希望を持った時期であった。実際，2001年以降のアフガニスタンは，いままでの「忘れられた紛争」から，対テロ戦争の流れの中で一気に国際社会による巨額の支援によって大規模な支援が展開される国へと急変した。(1)

筆者が携わった社会復帰事業や地雷・不発弾除去事業では，地方農村部を中心に展開したため，必然的に，村の人々や，元農民で内戦の過程の中でムジャヒディンとなっていった男たちと接する機会に恵まれた。村に入り，地域の長老やムジャヒディンの小隊長，そして元戦闘員たちと話をしていく過程で見えてきたことは，首都カブールを中心とした新国家やその行政機構ではなく，地域に古くからある「シューラ」と呼ばれる自己統治機構を中心とした人々の生活であった。新政府が誕生したカブールでは，多くの国際支援が投入されて，中央省庁の再建，国軍と国家警察という治安部門の改革，憲法制定と国会の設置，裁判所や法の支配の確立に向けた取り組みが行われていた。他方，筆者が見た農村部では，最小行政単位となる郡の議会などは存在せず，公的な行政機構といえば，中央から派遣されてきた郡知事とそれを支える数名の教育や保健を担当する行政官，そして郡知事庁舎を警護する警察官の姿が散見されるだけであった。

人々が歩いて通えるモスクを中心とした地域をひとまとまりとして，長老たちや農民，元ムジャヒディンたちは，生活の再建や地域の問題に直面すると，一軒の家に集まり，簡単なプラスチック製のござが敷かれた部屋で話し合った。そして重要な判断を必要とする場合には，地域の長老たちで構成されるシューラを開催することを決定し，関係者の意見を長老たちが中心となって自分たちで直接聴取し，できることや解決策を話し合った。こうして話し合いで出てきた結論を，長老たちは郡知事や地域の軍閥司令官，必要に応じて国際 NGO などに持ち込み，対応を要求した。

ここには，国家の影響力や存在感は薄く，国際社会が設立を急ぐ民主的政治システムなどは全く見えず，アフガニスタンの伝統に則った地域運営があった。このような地方農村の様子を見た時感じたことは，違和感であった。国際社会やドナーコミュニティと呼ばれる私たち外部者が行っている支援，さらにいえば，国際社会が行っている国家制度の再建やガバナンスの向上に向けた取り組みと，農村で行われている昔ながらの，しかし人々に支持されている地域運営方法のあまりに大きな乖離は，カブールと地方農村部の両方を行き来するたびに，筆者の違和感を大きくした。国際社会という外部者は，アフガニスタンの農村部の実情を見て，国家の再建や行政機構の再構築に取り組んでいるようには見えなかった。そして，民主的制度やグッド・ガバナンスという概念を，昔ながらの手法で地域を運営している村々，そして人々が受け入れ，新しい「民主的方法」で自分たちの生活を運営していくとはすぐには思えない地方農村の様子があった。

脆弱国，紛争影響下国

脆弱国や紛争影響下国の再建はどのように考えるべきなのだろうか。ここでは，既存研究の議論を整理したうえで，先行研究の視点では十分考慮されていない農村社会を見る重要性を明らかにし，本書の研究意義を確認する。

平和構築は「平和の基礎を組み立て直し，その基礎に基づき単に戦争が無いという以上の状態を構築する手段を提供する措置」と定義される[(2)]。その活動には，元兵士の市民社会への再統合，警察の訓練と再構築や司法と刑法改革を通じた法の支配の強化，モニタリングを通じた人権尊重の改善，過去そして現在の人権違反に関する教育と調査，選挙支援や報道の自由に向けた支援を通じた民主的発展への技術支援の提供，そして紛争解決と和解のための手法の促進等が含まれる[(3)]。

アフガニスタンやソマリアなど，脆弱国や紛争影響下国とされる国々に対して実施されるべき政策の検討は，平和構築を巡る議論の中で積極的になされてきた。そもそも，戦争と平和を巡る研究において，戦争状態と平和状態をどのように考えるべきかという議論が展開されてきた。そして戦争に関する研究とともに，戦争を法的に制限する考察もなされてきた[(4)]。歴史的には，主権国家間の戦争への焦点，つまり武力を行使する暴力の存在が「無い」ことに着目する「消極的平和」への批判から「積極的平和」の提唱という議論の流れが存在する。積極的平和の議論は，上記の平和構築の定義に見られるように，単なる武力行使の不在を平和とする立場への批判から議論が形成されてきたといえよう。ガルトゥングは，戦闘行為などの物理的暴力の行使が無い状態，つまり消極的平和であっても，貧困や不平等などを内包する構造が紛争を引き起こすとして，構造的暴力の概念を提唱し，積極的平和に関する議論を展開した[(5)]。

他方で，戦争や紛争そのものに対する考察も深められ，国家間戦争が減少する一方で，国内紛争が増加する国際政治状況の中で，紛争状態に関する研究も進められた。この議論では，紛争などの人命の損失を招くような事態の区分に関して，①国境による分類，②時間軸による分類，③強度による分類，そして④目的による分類，の４分類を提起する。①国境による分類は，㋐国内型，㋑国際型，である[(6)]。これは，紛争が，純粋に国内的なもの（㋐），または，国境をまたぐもの（㋑）の分類である。

②の時間軸による分類[(7)]に従えば，㋒危機・紛争前期，㋓危機・紛争中期，㋔危機・紛争後期の３形態に分類できよう。これは，理念形としての分類であり，

具体的にいえば㋒初期段階では，紛争が武力対立にまで至っていない段階，㋓中期では，武力行使が始まった段階，そして㋔では，武力紛争が大規模な衝突に至った状態と考えられる。

③強度による分類[8]では，㋕平和的，または㋖軍事的紛争である。軍事的紛争（㋖）では，その強度をさらに細分化することが可能とされる[9]。

④目的による分類[10]では㋗生命維持を求める危機・紛争，㋘「正義」や「権力」を巡る危機・紛争，㋙利害衝突を巡る危機・紛争に分類できる。特に，㋘は，政治的正統性を求める紛争であり，関係当事者間の妥協は難しいと考えられる。一方で，利害衝突，つまり領土等を巡る紛争は，争点が「利害」であるため，危機と利益との釣り合いから，相対的にではあるが，紛争の収束を求めやすいとされる。

しかし，紛争を①国境，②時間軸，③強度，そして④目的等によって区分するような取り組みの視座では，様々な形態をとる暴力や紛争に起因する人々の苦しみに目を向けることができない。なぜなら，上記に挙げたような既存の紛争分類は，基本的に紛争当事者，つまり物理的暴力手段を保有する集団に注目した分析視角であり，紛争当事者の「態様」について可視化する分析を可能とする一方で，紛争の影響を受けている人々がどのようになっているかという点については，分析視角から外れている。

さらに，20世紀後半に多く見られる非国家アクターによる組織的暴力の台頭は，今までの紛争に関する視点では包摂しきれない。対等な主権国家による戦争は，第2次世界大戦以後減少した。しかし主権国家以外のアクター，つまり，国家と並立・対立する反政府武装勢力やゲリラ，あるいは民兵組織の台頭は，「非対称戦」という概念を生み出した。様々な武装集団が戦闘を展開する中で，戦闘の被害を受けやすくなるのは，通常の国家間戦争であれば戦闘員ではない一般市民となる。ここから，紛争の段階や性格がどのようなものであれ，そこに生きる人々の常態に目を向けようとする視座が求められるようになる。この取り組みを象徴する概念が，「脆弱性」と「紛争影響下」という視点である。

「脆弱性」とは，国家あるいは制度が国民集団間や国民間の関係を調整する能力，説明責任，あるいは正統性に欠け，国民が暴力を受けやすくする状況とされる。[11]また OECD は，脆弱な国家を「人々と領域を統治する基本的な機能が弱く，社会における相互に建設的で補強しあうような関係を発展させる能力を欠いた国家」とし，その結果，「当該国家と国民の間の信頼と相互責任が弱まった」状態として表現する。[12]世界銀行は，国家の脆弱性を以下の指標を以て規定する。①法の支配，②ガバナンス，③政府の効率，④汚職の程度，⑤人権基準の順守である。[13]

「紛争影響下」とは，「現在進行中あるいは直近の紛争によって引き起こされる諸問題」そして「紛争後（post-conflict）の国に関連する諸問題」の下にある状況といえる。[14]「紛争影響下」という言葉を使うことによって，紛争の有無によって二分法的に戦争と平和を区別するのではなく，暴力行使の段階に拘らず，紛争の存在から派生する諸問題の出現状況を把握することが可能となる。[15]紛争影響下という概念の登場は，紛争に関連するアクターだけではなく，その影響下にある人々にも焦点を当てることを可能にする。

国家に関する状況を表す他の概念としては，「失敗国（failed state）」，あるいは「破綻国（collapsed state）」も挙げられる。国家の脆弱性の観点から，以下の4つに着目し，その度合いによって失敗国から破綻国へと移行していく。[16]①領域支配の喪失，あるいは武力の正統な講師の独占の喪失，②集団的決定を行う正当な権威の崩壊，③公的サービス提供の不能，④国際社会における一員として他国と関与することの不能，の4つである。[17]こうして見ると，国家の在り様には，国際社会が考える国家に関するスペクトラムがあると考えることができる。一方の極には，資本主義経済体制に依拠した自由民主主義政治体制の国が国家の「標準的」理念系として存在する。[18]その対極には，国家が機能不全となった「失敗国」や，国家が崩壊し，国家不在ともいえる「破綻国家」が存在する。「正常」な国家と，完全に国家が崩壊した「失敗国」そして「破綻国」の間に，一定の国家機能しか果たしえない「脆弱国」，そしてさらに限定された国家機能が，紛争によってさらなる否定的影響を受ける「紛争影響下国」を位置づけることが可能である。

こうして「紛争」そのものに焦点を当てた視点から，国家の在り様に焦点を移すことは，紛争の影響を受けている国家，社会，そして人々へと視点を結ばせる効果があったといえる。そこで本書では，上記の国家のスペクトラムを踏まえつつ，「紛争影響下」という概念を手掛かりにして，次章以降で考察していく。

平和構築を巡る議論

では，紛争の影響下から国家の再建を具体的に検討してきた議論の流れを辿ってみよう。最も該当する研究分野は，平和構築に関する議論であろう。破綻国家や脆弱国，紛争後の復興を巡る議論では，中央政府，あるいは国家制度の再建と在り方に大きな関心が払われている[(19)]。そこでの議論は，大きく分ければ，①行政機構の再建や法の支配の確立を目指す国家を重視する立場，②国家行政機構の再建だけではなく，国家を民主的な政体へと変えていく国家とその運営方法を重視するリベラル・ピース派の間で交わされたものである。そこで，以下において，それぞれの立場と議論を整理したうえで，紛争影響下社会における平和構築の議論における「国家の優位性」を明らかにする。国家制度を重視する立場，そして国家の運営方法を重視する立場，いずれの立場にも共通する点が，「国家」を平和構築の取り組みにおいて優先させる姿勢である。

まず，国家制度を重視する立場についてである。この立場は，1648年のウエストファリア条約以来の近代における西欧国民国家体系の伝統を受け継いでいるといえる。なぜなら，国家の役割を重視し，国家機能の再建に焦点を当てる立場は，近代国民国家体系を構成している主体としての近代「国家」の再建，つまり，脆弱国等の再建にあたっては，まず国際的に承認される国家の建設あるいは再建を重視するからである。

主権を持つ近代国民国家によって構成される国際社会において，脆弱国や紛争国が存在する状況をどのように見るべきかを，篠田は以下のように指摘する。つまり，われわれは，脆弱国や紛争国を「異常」として見るが，実は，この異常こそが，国際社会の常態だったと視点の転換を促す。

> 私たちは，地域紛争について考える際に，一度完全なものとして成立した国際社会が，突発的かつ部分的にほころびを見せるのが地域的な武力紛争で

ある，と考えてしまいがちである。しかし実際の事情は，むしろ逆である。そもそも，国際社会は一度たりとも完全なものになったことはない。完全無欠であった国際社会に，たまたま能力的に劣った人々が住む場所で，突発的かつ地域的に脆弱性が生まれたわけではない。異質で適合しきれていない構成要素を抱え込みながら何とか成立したことになったのが現代の普遍的国際社会である。[20]

不完全な国際社会は，異質な構成要素を，自らの規定する国家へと変容させる取り組みをしながら，国際的な秩序の維持を図っているとする篠田の指摘は，1945年以降の国際政治と開発の文脈においても見て取ることができる。まず，第2次世界大戦の終結は，戦争の影響を受けた国家の再建を開始させるとともに，植民地の独立を促し，新たに独立した諸国は，「植民地」から突如「主権国家」へと変容を迫られたのである。また，新たに独立した諸国を中心的な対象として，援助を通じた国家開発への取り組みが加速されるのもこの時期である。東西冷戦の文脈ではあるものの，ロストウの段階的発展論[21]はその後の開発に関する議論へと発展していく一つの象徴であった。

しかし冷戦下においては，紛争から平和へ移行するための国家建設に関する議論は低調であった。このような状況を一変させる契機が1989年の米ソ冷戦の終結である。国家体制を巡る東西の対立の頸木から解放された国際社会は，紛争後の国家の再建に具体的に動き出していくことになり，それを象徴するのが，ブトロス・ガリ国連事務総長による『平和への課題』であった。[22]これは同時に，国家とその役割について，新たな検討を促すことになった。

国家とは

では，国家とはいったいどのように捉えるべきであろうか。そして，国家は，その領域内の社会，特に地方農村部とどのような関係を持とうとするのか。そこで国家に関する議論の出発点として，少し長くなるがウェーバーの国家に関する記述を見てみたい。

近代国家の社会学的な定義は，結局は，国家を含めたすべての政治団体に固有な・特殊の手段，つまり物理的暴力の行使に着目して初めて可能となる。……もし手段としての暴力行使と全く縁のない社会組織しか存在しないとしたら，それこそ「国家」概念は消滅し，このような特殊な意味で「無政府状態」と呼んでよいような事態が出現していたに違いない。……過去においては，氏族を始めとする多種多様な団体が，物理的暴力を全くノーマルな手段として認めていた。……国家とは，ある一定の領域の内部で……正当な物理的暴力行使の独占を（実効的に）要求する人間共同体である。[23]

ウェーバーは，一定の領域内における物理的暴力の独占を国家の特徴と見る。ウェーバーの国家に関する指摘は，20世紀における国家間戦争を背景とした時代においては，非常に妥当な指摘だったといえる。しかし，ウェーバーが指摘する国家の構成要件としての，領土と暴力装置の独占，それを行う権威という国家理解は，90年代以降における破綻国家や失敗国家の増加という困難な現実に直面する。なぜなら，破綻国家や失敗国家においては，正当な統治機構の存在と領土が不明確であり，さらに，小型武器（SALWs：Small and Light Weapons）をはじめとして，物理的暴力の手段が人々の間に蔓延してしまった状況が出現しているからである。

ここで興味深いのは，ウェーバーが指摘した過去，つまり「氏族を始めとする多種多様な団体が，物理的暴力を全くノーマルな手段として認めていた」状態が，国家[24]という枠組みの崩壊あるいは機能低下に伴って，20世紀後半から21世紀初頭にかけて改めて増加し，問題視されるようになってきたことである。具体的には，主権国家内部における，紛争状態を引き起こす様々なアクター，つまり，軍閥や各種国内武装勢力の登場である。[25]

カルドーが指摘するように，1990年代から2000年代初頭にかけて発生した紛争状況は，古典的な国家間紛争では捉えきれず，ウェーバーが指摘する近代国家の形成が逆行するような事態が生じたと考えられるのである。[26]つまり，ヨーロッパ政治史が見てきたような家産国家から近代国家へと国家が形成されていく流れが，1990年代からの国内紛争では逆行し，領土，暴力の独占，そして権威が拡散し，国内の複数のアクターに偏在する状況が立ち現れたといえる。

しかし，国家が国際政治や国際援助の文脈において，主要な行為主体であることには変わりがない。国家という主体を前提として，それが持つ，あるいは持つべき，国家のオーナーシップは，平和構築の分野でも常に言及されるといっても良い指針として強調される。例えば，2005年，国連平和構築委員会が設置される際にも，紛争から立ち直ろうとする国であっても，「現地社会のオーナーシップを確保するという視点から，紛争後の平和構築にむけた優先順位と戦略の特定に関して，政府と移行政府に第一義的な責任があることを確認する」など，そのオーナーシップが強調される。[(27)] 2008年，国連平和維持局は，国連 PKO の中核的業務（コア・ビジネス）を明記したあらたな政策指針「国連平和維持活動：原則と指針（キャップストン・ドクトリン）」を発表した。[(28)] ここにおいても，現地社会のオーナーシップは，「国連 PKO が持続可能な和平の達成に貢献するためには，国内そして現地のオーナーシップ（主導的な役割）を推進する必要があることも明白」と認識される。

この時に想定されるオーナーシップの主体は，「ほぼ排他的に国家機能であると仮定されてきた。[(29)]」「紛争（後）社会を代表する政府などによって構成される現地社会の人々が，永続的な平和を作り上げていく際に，主導的な役割を担っていくこと」と定義される。[(30)]

国際的には，国家として認識されるためには，以下の３つの要件が一般には挙げられる。つまり，①領土，②人・国民，そして③国家権力，の３つである。[(31)] 一定の領域内で，恒久的に属している人々の集団が存在し，それらに対して対外的，対内的に，なおかつ排他的に実力を行使できる存在が，国家とされる。権力主体としての政府は，その領域内の人々を排他的に支配するために，対外的には，主権の尊重と内政不干渉，そして国内的には中央国家権力の地方への深長を志向するといえる。

では，国家が領域内を中央から周辺へと支配を伸ばしていくということはどういうことであろうか。マンは，国家の権力を，基盤構造的な力（infrastructural power）という概念を手掛かりに分析する。

基盤構造的な〈力〉とは，専制的であるか否かに関わりなく，中央国家がその支配領域に浸透し，その決定をロジスティックの面で実行に移す制度的な能力のことである。これは集合的な〈力〉，社会を「通じて」の〈力〉であって，国家の基盤構造を通じて社会生活全般を調整している。これによって国家というものは，その領域内を中央から放射状に浸透するさまざまな制度とみなされる。……基盤構造の面から見れば，ヨリ（訳書原文ママ）強力な国家がヨリ多くの社会的関係をその「国民的」境界の内側に，そして中央と各領域との間を放射状に延びる制御線沿いに閉じこめてゆく――社会というケイジ（檻）に囲い込むのである。[32]

国家の社会的力の4つの源泉，つまりイデオロギー的，経済的，軍事的，政治的な力の源泉[33]とその組み合わせに依拠して，国家の基盤構造的，あるいは専制的な力が規定されていくのである。基盤構造的な力という分析概念には，2つの重要な強みがあるとされる。[34]国家の空間的次元と，権力（パワー）の相関的特性である。国家はその領域空間の中で，権力を広げていき，社会を取り込んでいくのである。国家とは何なのか，という問いは，国家の力とは何か，という疑問に導く。マンの基盤構造的な力という概念は，国家が社会へと浸透していく過程を描き出すところに，意義があるといえる。マンの基盤構造的な力に関しては，さらなる研究への適用可能性の検討等が指摘されているものの，[35]国家が，領域内において社会を取り込んでいく様々な制度を概念づけることで，国家と社会の関係を見る視点を提供する。そしてこの視点は，脆弱国，失敗国，そして破綻国というスペクトラムの中で，ある国を位置づける時に有益な視点を提供しているといえる。換言すれば，国家による社会への浸透と取り込み程度を見ることで，国家の強さ，あるいは弱さを見ることが可能になるのである。失敗や破綻へと辿ることなく開発に進むことができた開発国家は，国内政治と対外関係を使って十分な権力，権威，自律，そして能力（competency and capacity）を国家に集中させ開発目標を達成する国家なのである。[36]

国造り

一国の領域内に登場した，暴力手段を有する様々な主体の登場は，結果として国家の重要性を改めて認識させることとなった。こうして，紛争から回復するための国家建設が必要とされるようになる。では，「国造り（state building）」ということは，どういうことであろうか。広義には，国家を作るといった場合には，既存の領域，政府，国民を割って，新しい領域を確定し，政府を作り，そして新しい国民が生まれ，それを国際社会が承認することを意味するだろう。1999年にインドネシアから独立を果たした東ティモールや，2008年のコソボ共和国が該当する。しかし，「国家を作る」とはそれだけを意味しているわけではない。狭義に捉えれば，一定の領土内に，司法，立法，行政機構を整えた政治体制の確立と捉えることができる。この狭義の理解に基づいた言葉が，「国造り」であり，国際協力の文脈において利用される「国造りへの支援」という言葉である[(37)]。

そして再建の対象となる破綻国や失敗国への関心は，近代的な国家の定義を改めて問い直す契機となり，平和構築の主要な任務を国家建設とする立場を形成していくことになる。しかし，国家建設の際に志向される国家の形態とは，実際には市場経済と民主主義を基本モデルとする国家の再建であった。ダイアモンドが指摘するように，国境内での競争，市民的自由，所有権，そして法の支配，民主主義が唯一の拠るべき基礎であり，そのうえに国際安全保障と繁栄という新しい世界秩序を築くことができるとされるのである[(38)]。

これは，紛争影響下にある国家や社会を見る時の私たちの視点にも当てはまるだろう。現地社会の文脈や状況があることは理解している一方で，内戦や紛争を経た国における平和構築を企図した時，外部者は，紛争や内戦から立ち上がろうとする国家に対して，自らが暗黙の前提とする「民主主義」や「市場経済」を導入することで，安定化が達成されると考えるのである。

そこで次に，国家再建にあたって，民主主義と市場経済の導入を主張する「リベラル・ピース」の議論を考察する。

2 リベラル・ピース

コリアーは，「貪欲と不満（Greed and Grievance）」において，国家内で貪欲な人々が国家資源を収奪することに紛争の契機があるとした[39]。また，スチュワートは，「水平的不平等」をキーワードとして紛争原因を，社会内における民族的，部族的不平等が紛争要因を作り出すと論じている[40]。これらの議論は，紛争要因を探る議論である。では，紛争から立ち直る時に想定するあるべき国家制度とはどのようなものなのか。この問いに答えようとする議論が平和構築に関する議論である。そこで，これら平和構築に関する議論の主流となっている，リベラル・ピース派の議論を以下において検討してみよう。

1983年，ドイルは，民主主義国同士は戦争に至ることがまれであると主張する論文を発表し，国際政治における民主的平和（democratic peace）に関する議論を喚起した[41]。その後，他の研究者によってドイルの主張に対する議論が深められ，先進諸国のような確立した民主主義政治体制については，民主的平和が一定の説明能力を持っているとされた[42]。しかし，民主主義体制へと政治体制を変革する場合，具体的には，権威主義体制等から民主制へと移行するような場合（移行期）については民主主義が逆に国内政治を不安定化させるとする指摘もなされており，民主的平和がどこまで該当するのかについては議論が続いている[43]。

国家間に関する民主的平和の議論が深化するとともに，民主的平和の概念を国内（intra-state）へ適用する研究も現れてくる。民主国家は，非民主国家に比べ，国内において「革命，流血クーデター，政治的暗殺，反政府テロリストによる爆弾事件，ゲリラ闘争，武装闘争，内戦，反乱，謀反」などの様々な国内的動乱を経験することが少ないとする議論である[44]。国内における社会的紛争が，選挙や議論を通じた民主的手段によって解消されるとともに，民主的手続きが政策決定者を抑制的にさせるとする[45]。

このような国際政治から，国内での紛争へと視点を拡大した民主的平和の議論を平和構築の文脈で，「リベラル・ピース」としてさらに深めたのが，パリスである。パリスは，リベラル・ピース派の議論を主導して，平和構築における民主主義国家制度の役割を強調する。

1989年から1999年までの国連平和維持活動を批判的に検討したパリスは，平和構築において進むべき方向性として民主化と市場経済の導入が推進されてきたものの，「どのように」市場経済と民主化を導入すべきかについては議論されてこなかったとする。そして，1990年代から急速に拡大した平和構築における拙速な民主化と市場経済の導入を批判している。だからこそ，段階を踏んで，時には民主化や市場経済システムの導入を遅らせてでも，中長期的に安定化する民主化と市場経済の導入を実施すべきことを論じる。[46]

このリベラル・ピース派の主張では，国際社会の構成要素たる国家は，民主的で，市場経済に基づいた経済制度をとるべきであるということが前提になっている。つまり，紛争を発生・継続させた「異常」な政治経済体制を，国際社会がモデルとする「正常」な形へと変容させることを意図するのである。

そこで，平和構築に関する議論において，制度構築を重視する立場を主導した，パリスの議論を詳細に見てみよう。パリスは紛争後に平和を定着させていく基本的方向として，民主化と市場経済化を挙げている。[47] しかし同時にパリスは，過去の平和構築[48]の失敗の原因を，性急な自由化による平和構築にあるとしている。紛争後のもろい国家社会における性急な自由化に向けた改革は危険であり，民主的自由化を進めるための国家制度の構築が最初に重要であるという。1989年から1999年までの間に展開された14の主要な国連平和維持活動（PKO）を分析し，これらPKOが，紛争後の国家において自由化（liberalization）を促進するという概念に基づいて展開されたとする。[49] ここで意味する自由化とは，政治的側面としての民主化（democratization）であり，選挙，憲法による政府権力行使の制限，市民的自由の尊重，言論，集会，および良心の自由である。同時に，経済的側面としては，市場化（marketization）である。市場経済志向の経済モデルへの移行，経済に対する政府介入の最小化，民間投資家，製造業，そして消費者がそれぞれの経済的利益を追求するための自由の最大化である。こうして，紛争後の国家を，自由市場経済民主主義体制へ可能な限り早く移行させることが志向されたとする。

しかし，このような方向性を持って冷戦後の主要な PKO が展開されたにも拘らず，安定した政治体制[50]を，紛争を経験した国々に定着できなかった。その最大の理由として，市場経済民主主義体制を志向することは誤っていなかったが，市場経済民主主義体制へと紛争後の国々を変化させる手段が誤っていたとするのである。

ここでパリスによって提唱されるのが，「自由化に先立つ制度化（Institutionalization Before Liberalization）」である[51]。自由化とは，荒々しい変化を引き起こすものであり，特に紛争から立ち上がったばかりの国家にとって，自由化は，紛争後の壊れやすい平和を不安定化させる。そのため，自由化を行う前に，しっかりとした国家制度を構築するまで，民主的かつ市場志向型の改革の導入を遅らせるという手段を提唱する。紛争後の国家において，性急な選挙，民主主義の醸成，経済的ショック療法を行うのではなく，抑制され，段階的な自由化を，政府機関の再建を急ぎながら行うというものである。

パリスの議論では，民主的平和論（liberal peace）を基本的には同意しつつ，その方法として，性急な民主化が紛争後の壊れやすい国家社会においては有害になり得るという議論を展開している。そして，平和構築に関する議論の中で，既存の民主的平和論が，すでに民主的な国家が成立している状況を前提としており，紛争から立ち直ろうとする国家，つまり行政機構が確立していない，あるいは崩壊している状況から市場経済と民主化を進める必要がある状況への考察がなされていないと指摘する。その意味で，民主的政治体制が国際および国内平和を促進するとする議論は，どのように民主的政治体制に，紛争を経験した国家を変容させるのかという視点が欠けているという指摘である。そこでパリスが提示する視点が，段階的で緩やかな自由化の促進と，国家制度の再構築である。このようなリベラル・ピースの議論は，現在の平和構築に関する研究の主流となっているといえるだろう[52]。

リベラル・ピース派の議論では，平和構築の過程において，国家の制度構築の重要性を共有している。この点に関して批判を加えたのが，リッチモンドである。つまり，国家制度の構築という「上からの平和構築」，平和構築と国家の結びつきが，紛争後の社会の再建を阻害していると指摘したのである[53]。民主的な政府を再建するという理念の下，国家制度が構築されていく中で，有力者のみがこのプロセスから利益を得てしまい，結果として国民の大多数が平和構築のプロセスから乖離していってしまう点に注目したのである。

リッチモンドの指摘は，国家と国民・市民という非対称的二元論的区分，そして国家の制度構築に焦点を置いた視座が，紛争影響下にある社会においては十分ではないことを指摘するものとして注目すべきであろう。リッチモンドは，現在行われている多くの平和構築支援活動の結果生まれている現象は「実体のない平和（virtual peace）」であるという[54]。

> 世界各地における現代の実践は，リベラル・ピースが実体のない平和に帰結しているに過ぎないことを示している。リベラル・ピースに関連する手法と目的は，この平和が訪れている地の人々よりも，民主的な国際社会という主として外部から紛争地を見ている者のみに見えるのである。

また，国家制度の構築にのみに焦点を当てた議論に対して，国家への焦点の集中を前提にした平和構築を国家レベル（トラックⅠ）としつつ，市民社会レベル（トラックⅡ），そして草の根レベル（トラックⅢ）も含め，国家と社会全体で平和構築に取り組む視点を打ち出している議論もある[55]。これら3つのトラックはいずれかが常に優位にあるとされるわけではなく，国家が優位性を持つ分野もあれば，トラックⅡやⅢが優位性を持つ活動もあると指摘する[56]。そして国家，市民社会，草の根レベルという3つの位相がそれぞれ共同して，国際社会からのトップダウン，被援助国によるボトムアップの活動を組み合わせて行うことでより有効な効果が期待されるとする[57]。

しかし，レイマンの指摘に代表されるようなトップダウンとボトムアップを組み合わせた取り組みで目指されることは，紛争後の国家社会の変容であり，紛争の中でも生き残ってきた「地域社会に在るもの」を見逃している。このことを端的に示しているのが，ダフィールドの記述であろう。

> リベラル・ピースの目的は，機能しない，そして戦争の影響を受けた社会

を，協力的で，代表制に基づいた，そして特に安定した実体へと変革させることである。[58]

この記述からは，紛争影響下で自らの生活を維持してきた地域社会の存在と，そのような地域社会をどのように平和構築の過程へと取り込んでいくかが欠けている。リベラル・ピースに代表される平和構築研究の中で，紛争影響下にある中でも生活を営む人々と地域社会が存在していることは，既存の平和構築研究の中で研究蓄積が薄い点であろう。紛争影響下国という概念の登場は，紛争そのものへの考察という狭い枠組みを，紛争から派生する影響にまで視野を広げることで，より包括的な視点を提供することを期待させた。しかし，リベラル・ピースの議論は，実際の実務においては，リッチモンドの指摘にもあるように，国際社会が考える平和構築，つまり，市場経済と民主主義体制の国家を作ることに関心が集中してしまっている。

ここには前提として，先進国を中心とする援助国が，開発や平和構築を通して「より良い変化をもたらす」ことを志向する「外部者の視点」があるように思われる。この外部者の視点は，「民主主義」や「市場経済」という先入概念に大きな影響を受けているのである。しかし，簡単に外部者の目に見えるものではないが，紛争の影響下にあった時でも，人々は地域に根付いた自己統治の下で暮らしを営んできているのであり，それが外部者の念頭にある民主主義や市場経済とは必ずしも同じではないのである。

カントは，中央の権威による法の支配の強制が無ければ，完全に自由な個人の間に，平和的な共存は不可能であり，無法な野蛮状態（lawless state of savagery）へと陥るとしている。[59] しかし，紛争の影響下とはいえ，そこにある社会では，ホッブズのいう国家というリヴァイアサンが崩壊あるいは機能不全に陥っている中で「万人の万人に対する闘争」が行われるような社会状況が出現していたかといえば，そうではないだろう。なぜなら，紛争影響下とはいえ，そこは野蛮地帯や無人地帯ではなく，人々が同時期に生存し，生活していたからである。ここにおいて，地域社会に根付いた，外部者にとって見えにくいもの，つまり地域社会の運営を詳細に見ていく必要性がある。[60]

ジオンが指摘するように，紛争後の社会における平和構築には，政治家や外交官などのアクターだけではなく，地域における首長，宗教関係者，村落委員会など，多様なアクターの役割を検討することが重要なのである[61]。平和構築を検討する際に，このような多様なアクターを含んだ視点を提供する主張として，「ハイブリッド・ピース（hybrid peace）」という概念が近年登場したことは，興味深い。ハイブリッド・ピースの議論が登場した背景には，既存のリベラル・ピースが，現実の平和構築において必ずしも成功していないことへの批判と見ることができる。

では，「ハイブリッド・ピース」とはどのような概念なのか。ベローニによれば，ハイブリッドとは「自由主義的および非自由主義的諸価値，制度，アクターが共存する状態」としている[62]。ここで強調したいのは，リベラル・ピースにおいて志向すべき国家の在り方として，民主主義に基づいた自由主義的政治体制という西欧型国家モデルと並んで，非自由主義的諸価値や制度，アクターを包摂したことである。既存の平和構築に関する議論，特にリベラル・ピースの議論の特徴として，その国家中心の度合いを指摘することができる[63]。リベラル・ピースが持つ国家中心的な視点への批判が，ハイブリッド・ピースの議論を導いてきたといえるだろう[64]。

平和構築が実施される際に，国際援助を実施する側は，対象を単純化し，人々が単一の生活様式（one mode of operation）で生きていると仮定してしまう。つまり，「犠牲者」「戦闘員」，あるいは「裨益者」という概念化を行うことによって，多様な仕方で紛争や和平に至る過程を生きている人々と社会を一面的な視点で単純化してしまうのである[65]。

さらに，平和構築における統計データに関する問題点もある。シュルクとサムセットは，研究者や政策決定者が陥りがちな危険を指摘する。つまり，複数の研究者等が，公的に発表されているデータに依拠して統計を作成し，結果を発表している中で，著名な調査結果，そしてより高いインパクトのある数値を採用しがちだとする。例えば，紛争が終結して５年以内に40％から50％が再発するとする研究結果があると同時に，同一のデータを使った別の研究では，20％程度しか再発しないとする調査結果がある時に，高い数値を採用しがちであり，こうして採用されたインパクトのある統計数値が，国際社会で支配的にうけいれられる危険性を指摘する。[66] しかし，これら指標や統計によって，国際社会やドナーは，現地の状況を「読める」ようにし，数量化するが，このような統計が地域の人々の人生を，必ずしも適切に反映しているわけではない。[67]

さらに，マックジンティは，実際の支援を行うドナー関係者などが，平和構築の対象とする国や地域と持つ接点について批判的に指摘する。[68]

> ドナーコミュニティは，自らを都市部に限定し，交流は，当該国のコスモポリタンな政治・NGO エリートとかもしれない。要するに，国際的なアクターは，現地の行為主体が持つ広がりを観察し，理解するための機会が限られているかもしれない。戦争から平和への移行を経験している社会における政治は，西洋自由主義諸国のような雛形とは一致しないかもしれない。政治活動は，公的な政党に従って原則的に組織されていないかもしれない。代わりに，世襲や民族的結びつきが支配的かもしれない。それにも拘らず，西洋自由主義諸国から来た観察者は，政党や他の公的な指標という枠組みをとおして政治を読んでいるのかもしれない。[69]

こうしてマックジンティは，ハイブリッドな視点の必要性を主張する。つまり，国家制度を中心とする既存のリベラル・ピースに関係するアクターのみではなく，①リベラル・ピースと折り合いをつけ，阻害し，利用し，抵抗する，現地アクター・構造・そしてネットワークの持つ能力，②リベラル・ピースに代わる選択肢を作り出し，維持していく現地アクター・構造・ネットワークの持つ能力，を含む視点である。

しかし，ハイブリッドな視点を重視するとはいえ，それだけでは十分ではない。地域社会の運営について，既存のガバナンス概念に照らした時，男女間の不平等，選挙に拠らない代表選出方法などは，外部者にとっては変更すべき点となる。しかし既存の伝統社会が地域に対して持つ統治能力に鑑みれば，まず変えるべきは，外部者が想定する概念（例えばグッド・ガバナンスなど）なのであり，それら既存概念を一度脇にどけ，地域社会を見ることが重要なのである。

紛争影響下の国家や社会の再建の際に，国家や国家制度という大きな枠組みのみを見るのではなく，地域や地域社会に改めて考察の光を当てる重要性を示しているといえる。

3　ガバナンスをめぐる議論

現在，国際協力に関する研究と実務において，紛争影響下の国家や社会に対する国際支援の在り方が問われている。他方で，援助効果の向上も志向されている。1991年に冷戦が終結した後，米ソ超大国を中心とした対立が終わった一方で，世界各地において，紛争が増加している。冷戦の終結は，国家間戦争の危機の終わりと世界平和ではなく，逆に国内紛争や，低強度紛争といわれる事態の頻発を引き起こした。

国際環境の変化を受けて，国際援助もまた，その在り様を変化させる必要に迫られた。脆弱国や破綻国に対する新たな支援の考察である。破綻国や略奪国家と同時に，開発援助に関する議論においても，新たな潮流が生まれつつあるといえる。世界銀行を中心して，「ガバナンス」という概念が打ち出され，援助効果に大きな影響を与えるものとして，国際援助の文脈で大きな位置を占めるようになった。

フクヤマは，脆弱国支援という取り組みにおいて，私たちは未だ多くを知らないと指摘する。

> 脆弱な国家は国際秩序にとって脅威であった。かれらは紛争の原因であり，人権を無視した国であり，さらに先進国に侵入するテロリズムの温床であるからである。こうした脆弱国家に対してあらゆる形で国家建設への努力を行っていくことは国際安全保障にとって死活的に重要であるにも拘わらず，その方法を習得した先進国はほとんどない[70]。

そのような中で，今日の国際援助，特に脆弱国への支援，あるいは平和構築に関する研究と実務において，「ガバナンス」は必ずといってよいほど出てくる言葉である。そもそも，平和構築とは，①治安，②社会，経済，環境，③ガバナンス，政治という多様な側面を持っている[71]。平和構築は，軍事的側面にのみ着目した単なる紛争の停止ではなく，紛争の再発を阻止するために，国家と社会を含む幅広い取り組みとなるのである。ここにおいて，UNDP による2012年の報告書，『平和のためのガバナンス――社会契約の確保（*Governance for Peace : Securing the Social Contract*）』[72]は，平和のための国造りを，ガバナンス，そして社会契約という言葉を使っている点で象徴的である。UNDP は，社会契約を「相互の役割と責任に関する国家と社会との間の動的な合意」と定義する[73]。

国家と社会との関係を理解するには，ガバメントとガバナンスという概念の整理が必要であろう。佐藤章は既存の政治学における議論の中で，ガバナンス論とガバメント論の区分を整理している[74]。ガバメント論が政府機関を対象として，政府機関の公的意思決定を考察するものとする一方で，ガバナンス論は政府のみならず，市民社会や NGO 等の多様なアクターが意思決定に関わる状態を分析するという指摘をしている[75]。ここで，佐藤の指摘するガバメント論とガバナンス論を，ウェーバーの指摘する近代国家の特性が崩壊した，破綻国家あるいは脆弱国という文脈において見ると，そもそも物理的暴力手段すら独占できず，国家という統治機構が十分に機能していない時，ヒエラルキーが確立した国家制度に焦点を当てる既存の政治学におけるガバメント論が機能しないことは明らかである。他方，ガバナンス論では，多数のアクターが政策決定に関与するという意味での「アナーキー」[76]に近い状態の中で，国家制度の中で政府を中心としたアクターと同時に，市民社会や NGO 等が政策決定に関わっていく過程[77]に着目し，より考察対象を拡大したといえる。しかし，政治学におけるガバナンス論においては，あくまでも安定した国家社会という枠組みの中で，多数のアクターによる政策決定過程を考察しているのであり，そもそも前提とされている安定した国家の不在という状況におけるガバナンスを論じきれていない。その意味で，先進工業諸国に関するガバナンス論，あるいは公的ガバナンス論（Public Governance）と，低開発国や紛争影響下国におけるガバナンスに関する議論には，1つの断絶があるといえる。

さらに，紛争影響下国においては，アクターの特性にも留意していく必要があるだろう。先進工業諸国や，紛争影響下には無い発展途上国におけるアクターは，市民社会やNGOが想定されるが，紛争影響下にある国家や社会を検討しようとする時，ガバナンス論の射程に入るアクターは，時として軍閥や反政府武装勢力の野戦司令官なども入ってくるだろう。従って，ガバナンスを検討する時，紛争影響下社会においては，関係するアクターやステークホルダーは，必ずしも先進国等で該当するような「市民社会」的アクターだけではなく，暴力手段を保持し，なおかつ非政府的なアクターの存在もまた，社会の重要な構成要素である点を見逃すことはできない。

猪口は，ガバナンスという概念が，「国家と社会の伝統的峻別から一線を画す概念」として，「市民の要求（代表性であれ，正当性であれ，政策成果であれ，公開性であれ）が一定限度満たされ，そのやり方が一定限度公開される仕組みと状態」と定義する[78]。そして「……概念論だけでなく，実証論としても文脈を明らかにしながら見ていくことが，新しい概念であるガバナンスを語る時にとても重要」[79]という指摘は，ガバナンスという概念を使った分析が，未だ精緻化の途上にあり，既存の議論だけではなく，実証的な検討の必要性を示しているものといえる。政治学的ガバナンスという概念が登場する背景について，猪口は「国民国家，国民経済，国民文化のようなものを，国家主権を軸に考えた仕組みで説明することが不十分になったこと」を理由の一つとして挙げている[80]。

そこで，まずガバナンスを重視する立場の思想的流れを見てみよう。民主的手続きを国家の正統性の基礎とする立場については，1948年，国連総会において世界人権宣言（Universal Declaration of Human Rights）が採択されたことが，以後の政策の方向性に大きな影響を与えた。同宣言第21条第1項から3項において，民主的な政治システムに依拠した政府を求める規範に言及している[81]。

しかし，民主主義システムと社会主義システムの対立という構図をとった米ソ冷戦の中で，世界人権宣言の具体的実施は困難に直面し，以後停滞する。この状況が大きく変化するのが，1989年の冷戦の終結と，1991年のソ連の崩壊である。政治的イデオロギーの対立が，一方の政治体制の終焉によって終わり，民主主義的政治システムの勝利とみなされるようになった。この状況を端的に表したものが，フクヤマの著作，『歴史の終わり』である。民主主義的政治体制という最後の政治体制によって，これ以上の政治概念が無いとする。[82]

国連の各機関も，紛争後の国々に対して，民主化のための支援を，冷戦期とは対照的に積極的に行っていくようになる。国連人権高等弁務官事務所は選挙に関する支援を打ち出していく。[83]もちろん，民主的政治体制は，西洋型自由民主主義（Western Liberal Democracy）である。[84]民主主義がすべての人権の完全な実現を促進する，とするのである。[85]民主的権利として挙げられているものは，先進国で採用されている西欧型自由民主主義体制の構成要素であり，国連が志向している政治システムが明らかに読み取れる。

また，UNDP は，第一義的には，貧困撲滅をその使命としているが，ガバナンスはそれに資するものとして，重視する。UNDP の主たる役割としては，「貧困撲滅（eradicating poverty）」と「不平等と排斥の削減」を挙げている。[86]そして包括的成長（inclusive growth），より良いサービス（better services），環境の持続可能性（environmental sustainability），良い統治（good governance），そして治安（security）は，開発促進の基礎的条件としている。

同時に，UNDP はその主たる活動として①持続可能な開発，②民主的ガバナンスと平和構築，そして③気候変動と災害からの復元力，を挙げている。ここで注目したいのは，民主的ガバナンスと平和構築とが同じカテゴリーで扱われていることである。これが前提としているのは，民主的なガバナンスが平和構築に資するということである。

アナン国連事務総長は，良いガバナンスが開発，繁栄，平和に欠くことができないものであり，民主化支援は，国連の主要な関心事項となっていると発表している。[87]国連，政府機関や非政府機関にとって，自由化（liberalization）は紛争を経た社会の再構築のために必要とされる，争う余地のない解決策となったのである。[88]

他方，開発学における議論の大きな流れに目を転じてみれば以下のように見ることができる。第2次世界大戦後，開発が国際社会の大きな課題として認識され始め，開発学における議論が活性化していった。1960年代のロストウによる「段階的発展論」は，経済発展が辿る段階の提示する議論として登場，しかしそれに対して単線的な経済発展とする批判も登場する。同時に，プレビシュやフランク，ウォーラーステインらによる構造主義的視点から先進国と途上国の従属関係に光を当てる議論もなされた。

しかし1990年代に入ると，世界銀行が主要な推進役となって，市場主義的制度の構築によって経済発展を図る構造調整政策（SAP：Structural Adjustment Policy）が多くの途上国に対して導入されていくが，当初の計画とは裏腹に，多くの発展途上国において，国有企業の民営化，補助金の削除などは，国家経済に対して負の影響を与え，国民の生活を直撃した。SAP という壮大な実験は失敗したといえる。そして，2000年代に近づくと，重債務に苦しむ最貧国に対して，債務救済によって返済に充てられるべき資金を開発に充当させることを念頭にHIPCs（Heavily Indebted Poor Countries）イニシアティブとして知られることになる，「貧困削減戦略文書（PRSP：Poverty Reduction Strategic Paper）」が導入され，その流れが現代においても続いているといえる[89]。

また，国際社会に関しては，第2次世界大戦後から継続してきた国際開発援助が，アフリカ等における途上国で成果を上げてこなかったことや1991年の米ソ冷戦の終結も相まって「援助疲れ」が指摘されるようになる。このような状況を受けて，世界銀行と OECD/DAC 共催により，2003年「調和化ハイレベルフォーラム（High Level Forum on Harmonization）」が開催された。ここでは2000年代に入って議論が継続されてきた，援助実施に関する政策と手続きに関して総括され，今後の国際援助の調和の取り組みに関する方向性が議論され，成果文書として，「ローマ調和化宣言」が採択される。援助効果向上をめぐる動きの中では，2005年，DAC および国際開発金融機関による共催で，DAC 諸国，UN 機関，IMF，被援助国等の91か国，26機関を巻き込んで，パリにおける援助効果向上のためのハイレベルフォーラム（HLF：High Level Forum）が開催されたことは一つの大きな方向性を決定づけた，Aid Effectiveness が議論されていく。その結果は「パリ宣言（Paris Declaration）[90]」として採択され，今まで発展途上国として認識されていた被援助国は，OECD/DAC 加盟の先進国等による援助拠出国と対等と認識され（被援助国は「パートナー」とされる），途上国の主体性と制度の利用が提唱されていく。

ここで登場してくる議論が，“Governance Matters” である。SAP を導入し市場主義経済を作り出そうとした試みは失敗し，その原因を分析していった時，市場経済を機能させる制度環境が構築されていないことが，援助の有効性を失わせていたという議論である。ガバナンスが開発の文脈で大きく登場する契機となったのは，1989年に世界銀行が「サブサハラ・アフリカ：危機から持続的な成長へ（Sub-Saharan Africa: From Crisis to Sustainable Growth)」を発表し，次いで1992年に「ガバナンスと開発（Governance and Development)」を出版してからとされる[(91)]。

1997年には，世界銀行は開発における国家の役割と題する世界開発報告が発表され，経済，社会開発に貢献する要因として「有効な国家」の必要性が主張される。ミグダールは，そもそも途上国において，フォーマル・システムとインフォーマル・システムが混在し，「弱い国家」が，「強い地域社会」と対面していると指摘していた[(92)]。しかし，地域に根付いたインフォーマル・システムが，フォーマル・システム，あるいは新たな国家制度に代替されるには，改革に向けた政治指導者の強い政治的意思無しには困難であるとする指摘[(93)]は妥当に思える。これらの議論で示されている点は，新たに作る国家制度の構築と，既存の地域社会のシステムをどのように相関させていくかということである。ここで，国家制度と地域社会をつないでいく概念がガバナンスということになるであろう。なぜなら，制度をどのように運営するかという「方法」をガバナンス概念は見るからである。

ではガバナンスという語は，どのように定義されているのであろうか。政府の政策機能に着目すれば「政策形成と実行によって，いかに政府が経済と社会を成功裏に采配するか」と定義される[(94)]。また，カウフマンは，「一国において権威が行使される伝統と制度」と見る[(95)]。UNDP はガバナンスを「権力行使の方法，人々の関心事項に関する決定の仕方，市民による関心表明，権力行使，義務遂行，差異の調整の仕方を決定する機構，過程，そして制度」」と定義する[(96)]。世界銀行は，ガバナンスの一般的定義として「政府の権威，支配，管理，権力」と提示したうえで，世界銀行の定義として「開発のために一国の経済的および社会的資源を管理する際に行使される権力行使の方法」とする[(97)]。

世界銀行や UNDP 等が指摘するガバナンスの定義では，国家の権力，制度，機構に焦点が当たっていると読み取ることができる。しかし，国際社会が依拠するガバナンス概念が，果たして，紛争影響下にある地域社会において，適用可能なのだろうか。グリンドルは，例えばアフガニスタンやリベリア，ハイチ，そしてシエラ・レオネで必要とする政治的安定，市民の保護のための基本的制度や，政府の正統性と権威を強化するための政策が必要であると指摘する。それに対して，ニカラグア，ブルキナファソ，タンザニア，ガーナやホンジュラスでは制度的統一性は確保されており，政治的安定や市民の保護よりも貧困層に対する政府サービスの拡大，開発を阻害する汚職の削減，そして公的資源のより良いマネジメントシステムの整備がより必要とされると指摘し，各国ごとに異なる優先順位のために，すべての国に一様なガバナンスの適用を求めることができないとする[98]。だからこそ，「それなりのガバナンス（good enough governance）」から始めることを提唱する。

「それなりのガバナンス」とは，「経済的および政治的発展を著しく阻害せず，また貧困削減に向けた取り組みを前進させることを可能とする，最低限受け入れることができる政府の能力と市民社会の関与の状態」と定義される[99]。この議論において特徴的な点は，これまでのガバナンス論が，規範的に導入を求める制度や政府の能力を，被援助国が一度に達成できないという点に着目したことである。脆弱国や紛争影響下国という，現時点で十分な国家・行政を保持していない国にとって，民主的政府の樹立，効率的な行政機構の整備と能力強化，法の支配の確立，汚職の撲滅等，ガバナンス向上のために必要とされる多くの政策は，一度に取り組むことが不可能なほどの大きな取り組みを課す。グリンドルは，1997年と2002年の『世界開発報告』を比較し，ガバナンス向上のために取り組むべき政策（what must be done）が，1997年においてすでに45項目あり，それが2002年には，116項目に激増していることを明らかにしている[100]。「それなりのガバナンス」の議論は，「すべての良いことは一度に追求できない世界」[101]の現実を直視する。だからこそ，ガバナンス向上がそもそも目指しているはずの，貧困削減を少しでも達成できるようにするために，各国の文脈に沿って，できる政策に優先順位を付けて実行することを提案する。

しかし，国家レベルにおいて各国の発展，状況の差異を認め，さらに，脆弱国への支援という文脈において，それぞれの事情に応じた政策を実施すべきとする議論の有効性があることは確かであるが，それを国家レベルで着手していったとしても，その間に，地域社会がどのように機能し，そして中央政府とどのように関係を持っていくべきか，という点に関しては，未だ考察が十分ではない。さらに開発とガバナンスという視座を持った時，政治学的な議論への目配りのみならず，開発という外部アクターと国内政治アクターとが相互に関係して国内社会への関与を深めるプロセスだからこそ，開発という行為と関係を結ぶことになる社会について，事例を通して検証していくことの意義が認められるであろう。特に援助の実際においては，抽象論ではなく，具体論が必要とされる。その時に，対象となる社会への理解は，実務においては重要となり，それは同時に，事例として今後のさらなる検証に活かされることになる。

すでに見たように，ウェーバーは主権国家の定義として，「暴力の独占（monopoly on legitimate violence）」を指摘したが，紛争影響下にある社会を見てみた時，このような古典的といえる国家認識は成り立たない。なぜなら，既述のように，紛争を経験する中で，物理的暴力手段を，国家が独占ができなくなってしまっており，さらに国家機構の能力，行政サービス提供を通した国家の地方への浸透とプレゼンスが，脆弱国においては難しくなっているからである。このような脆弱国の状況を踏まえれば，紛争影響下国で，国際社会が想定する，しかし地域社会にとっては外来のガバナンスという概念と制度を外部者が導入しようとする試みは，紛争影響下国でなぜ紛争が発生し，平和が維持されてこなかったのか，という点に関する検討を忘れている。脆弱国だからこそ，ガバナンスの改善が必要であるが，国家と社会の関係を取り結ぶガバナンスが既存のフォーマルな国家制度の中で機能しなかったからこそ，紛争に陥ったとも考えられるからである。

冷戦後に使用されるようになった，「失敗国（failed state）」あるいは「ならずもの国家（rogue state）」[102]と区分される国家の登場の中で，ガニとロックハートは，暴力の独占ではなく，法的合意に基づいた国家建設を主張する。

自らもアフガニスタン出身のガニは，失敗国再建のための方策を検討し，暴力の独占のみを国家の主たる判断基準にするのではなく，新しいアプローチとして，citizen-based approach を提唱し，市民，国家，そして市場による法的合意（new legal compact）に基づいた，国家による上からの押し付けではない国家建設枠組みを提案している。[103] 平和構築の過程におけるガバナンス重視は，「失敗した国家の背景には，弱いガバナンスと貧困と紛争がある」という認識であろう。[104] ここにおいて，紛争影響下にある国家と社会を考察する際に，崩壊あるいは機能不全に陥っているガバメントではなく，ガバナンスという概念を利用する必要性が生じるといえる。国家の統治主体としてのガバメントが，その構成要件を満たせない時，人々の要求をどのように満たしていくのか，それを説明する視角を提供するのが，ガバナンス概念であるといえる。

ブリンカーホフは，脆弱国の再建に向けて，ガバナンスの強化に着目した研究において，治安の確保，公共財とサービスの効率的な提供の達成，そして正統性の確立は，国家が崩壊したところからの再建において重要な要素として指摘する。[105] 同時に，国家の制度化に重点を置きすぎるアプローチ（overly institutionalized approach）に対する懸念を示している。ブリンカーホフは，ガバナンスを，政府と社会が相互作用する国家－社会関係の中核となる，規則，制度，および過程と定義している。[106] そして，弱いガバナンスを紛争要因として認識し，その改善を強調する。その結果，ガバナンスの再建に向けた取り組みにおける目標として，ガバナンスの要素を構成する以下の再確立が要請される。つまり，①治安の再確立，②行政の効率性再建，そして③正統性の回復の３点である。[107]

このうち①の治安の再確立は，治安部門改革（SSR：Security Sector Reform）につながり，同時に，治安の再確立を中心とする立場へとつながる。なぜなら，治安の再確立なしには，紛争後の国家が開発や経済発展に向けた政策手段を実行することが困難になるためである。この治安部門のガバナンス再確立という文脈には，元兵士の武装解除，動員解除，そして社会復帰（DDR：Disarmament, Demobilization and Reintegration）が含まれる。

②効率的な行政の再建は，紛争によって破壊された，あるいはほとんど機能することができなくなった行政サービスの再建である。基本的な行政サービス

となる，保健，教育，電気，水，衛生，経済社会インフラの整備である。さらに国内避難民や難民を抱え，紛争後の脆弱な国家は，各種行政サービスを国民へ提供する機能を凌駕してしまう。だからこそ，UNDP は紛争後の行政機能の再確立を，ガバナンスの視点から重視する[108]。さらに社会契約の視点から，ガバナンスが平和の確立に貢献すると指摘する[109]。

③正統性の再確立は，政府に対する国民の承認である。国民からの支持が無い限り，紛争後に成立した政府が機能することは難しい。ブリンカーホフは，正統性を再確立するための具体的方策として，参加と包摂性の拡大，不平等の削減，説明責任，汚職対策，競争性と選挙制度の導入を挙げている。もちろん，行政サービスの提供が，政府の正統性を再確立することに貢献するとされる。さらに，憲法改定，法の支配，行政機構の配置，チェック・アンド・バランス，行政機能と権威の分配，そして市民社会の発展が関係する。

ブリンカーホフの指摘は，ガバナンスの再建のために必要な「メニュー」を提示しているものの，では「どのように」それらを脆弱国で実現していくかについては，議論が進んでいない。それは，議論が抽象ではなく，対象となる脆弱国の具体的記述を必要とすることが大きな原因であろう。ここに，紛争影響下国における事例を詳細に見ることで，いかなる「ガバナンス」が必要なのかを検討する必要性があると考える。

4　アフガニスタンにおける平和構築と農村

本書では，アフガニスタンを考察対象とした。その理由は，長らく国家と社会が紛争の影響の下に置かれ，2001年以降は国家の再建と国際支援が大規模になされたことで，紛争影響下における政府と社会，国際援助と国家再建に関する１つの顕著な事例となっているからである。

近代国家としての歩みを始めた近代アフガニスタンは，1919年８月19日，第３次アフガン戦争の結果，外交権を回復し，イギリスから完全な独立を果たした。これは，現在のアフガニスタン国旗の紋章中央，モスクの下に1298（注：西暦1919年）と書かれていることにも示されている。

2004年，カルザイ大統領がアフガニスタン・イスラム共和国の元首となるが，1919年の独立以来約100年，アフガニスタンの国家元首として12人が就任してきた。[110] しかし，天寿を全うすることができたのは，アマヌラー国王（亡命先で死去），カルマル元大統領（国外追放先のモスクワで死去），ザヒール・シャー国父（亡命先より2002年祖国に戻り大統領宮殿内で死去）の３人，それ以外の７人は暗殺と処刑で命を落としている。存命は，ムジャディディ元大統領（現国会議員）とカルザイ現大統領の２人のみである。

アフガニスタンは1970年代より，長く続く紛争と内戦の結果有効な中央政府の崩壊を招き，破綻国家として国際社会に認識される。そして2001年の9.11米国同時多発テロを受け，米軍を中心とした多国籍軍がタリバン政権を倒し，以降国際社会による国家再建の取り組みが大規模に開始される。他方で，未だに同国国民の大多数が居住する地方農村部社会が紛争影響下にあり，地方にまで十分な行政サービスを提供できない政府の下に暮らしている。アフガニスタンは，紛争の影響下において，国家の再建が国際社会による巨額の援助とともになされていると同時に，長い伝統を持つ農村自己統治機構が存在している点に特徴があることから，本書の考察対象として選定した。

そこでまず，紛争と内戦，そして2001年の新政府樹立に至るまでのアフガニスタンの歴史を概観してみたい。アフガニスタンという領域と国家，国民の誕生は1747年，ドゥラニ朝がカンダハルに打ち立てられた時期である。しかし，明確に規定された領土，統治を担う行政機構と対外関係を取り結ぶ外交機能を持った近代アフガニスタンの誕生は，1919年８月19日となる。英国とアフガニスタンの間で結ばれたラワルピンディ条約を以て第３次アフガン戦争は終結し，アフガニスタンは英国から外交権等を回復し，近代国家として誕生した。[111] 1922年には，議会制が導入され1924年４月９日，同国初の憲法が制定される。1931年には直接選挙を採用した二院政も導入され，立憲君主制の農業国として以後，中央アジアの文化・交易の要衝として穏やかな発展の道を辿り始めた。

しかし，1970年代より政情が不安定化する。1973年７月17日，クーデターによりザヒール・シャー国王を退位させ，共和制を宣言，ダウドが初代大統領に就任する。７月19日にはソ連がアフガニスタンを承認，1977年４月14日には，アフガニスタン・ソ連経済協力条約が締結され，アフガニスタンに対するソ連の影響が強まっていく。1978年4月27日，サウル革命と呼ばれる親ソ共産クーデターが発生，ダウド大統領は宮殿にて殺害され，タラキ革命評議会議長の親ソ政権が誕生する。以後徐々に国内での反政府・反ソ武装闘争が激化し，地方部が反政府武装勢力の勢力下に置かれていく。1979年8月18日には，パキスタン・ペシャワールにおいて，反政府勢力がイスラム政府の樹立を宣言する。これらは，中央政府による国土の掌握が次第に難しくなっていったことと同時に，中央政府の正統性が失われていったことを示している。1979年9月16日には，タラキが暗殺され，副首相兼外相だったアミンが革命評議会議長に就任する。

アフガニスタンにおける紛争が劇的に展開するのは，1979年12月27日のソ連軍のアフガニスタン侵攻である。12月27日に国境を画していたアム・ダリア川を越えたソ連地上軍は，12月30日にはカブールに到達した。9月に革命評議会議長に就任したアミンは，反ソ的態度を示したことから12月30日に殺害され，ソ連による後押しを受けたカルマルが大統領に就任する。以後国内は，ソ連軍と政府軍を相手とした反政府，反ソ武装闘争が展開され，ムジャヒディンと呼ばれる反政府ゲリラの台頭が顕著となる。国内各地では，中央政府から離れ，ムジャヒディンの影響下に置かれる地域が次第に多くなり，全国で行政権を行使できる政府ではなくなっていく。

ムジャヒディンによるアフガニスタン国内の対ソ戦でソ連は疲弊し，1985年3月にゴルバチョフが共産党書記長に就任することで，ソ連はアフガニスタンからの撤退を検討し始める。1988年4月14日，アフガニスタン和平に関するジュネーブ合意がなされ，1988年5月からソ連軍は撤退を開始，1989年2月15日，アフガニスタンから完全に撤退した。

ムジャヒディンによる対ソ戦はこれを以て終了するが，以後も反政府武装闘争が継続する。1992年1月1日，米ソによる対アフガニスタン支援停止合意が発効し，両国からの対アフガニスタン軍事支援等が停止，4月18日，首都カブールがムジャヒディンによって陥落され，親ソ政権が崩壊する。1970年代以降，アフガニスタンの地方部においては，中央政府は行政機能を次第に果たすことができなくなっていったが，1992年4月18日のカブール陥落は，名目上でも，全土を統治する政府が崩壊したことを意味する。

親ソ政権が崩壊してからも，全国を掌握する政府が誕生したわけではなかった。1992年4月18日以後も戦闘が継続したのである。各地に台頭したムジャヒディン各派（軍閥）が新しい政権の主導権を巡って相互に対立したことから，国内全土での内戦へと突入する。

このような内戦の中で台頭してきた勢力が，タリバンであった。軍閥各派等によって全土が分割され，武装勢力が女子を含む住民の誘拐や財産の強奪などを繰り返す中で，イスラム教に基づいた清廉な態度で住民の生命財産の安全を保障するというタリバンの姿勢は，内戦に疲れた多くの地方住民の支持を得た。こうして1996年9月には，タリバンが首都カブールを制圧，1998年には全土の95%を支配するようになる。ほぼ全土を掌握することになるが，その統治は極端なイスラム教の解釈とその厳格な適用であり，また，国際社会からの国家承認もなく，3か国（パキスタン，サウジアラビア，アラブ首長国連邦）のみが承認したにすぎず，多くの国民の生活は窮乏した。また，反タリバン勢力との戦闘も継続しており，治安面で国内が安定したわけでもなかった。1970年代以降，こうして国内の政府機構の崩壊が進み，生活インフラも破壊されていった。タリバン政権の登場で秩序は改善したが，経済的には困窮したのである。

タリバン政権は，2001年の米国同時多発テロの後，米国を中心とした多国籍軍と反タリバン政権によって2001年11月13日に崩壊，12月22日にカルザイを首班とする暫定行政機構が樹立された。暫定行政機構とそれに続く新政府の誕生で，アフガニスタンに再び全土を名目なりとも統治する政府が誕生することとなった。

このようなアフガニスタンに関して，その国家と農村の関係について，既存研究を見てみよう。ミグダールは中央政府と地方の関係に関して，中央政府の統治が行き届かないような「弱い国家」の中であっても，地域において「強い社会」が機能していることを指摘した。このミグダールの指摘に関しては，サイカルはミグダールの著書名を借りて，アフガニスタン社会を強い社会と弱い国家として描き出している[(112)]。サイカルはアフガニスタンが，ほぼ自立的な極小社会（micro societies）[113]で構成され，それらが，近隣諸国による介入の影響を受けながら，弱い国家と対面しているとする。政治史的には，アフガニスタンの部族社会の強さと中央集権化の遅れについては，早くから指摘されている[114]。サイカルは部族社会アフガニスタンの国家建設は，国家指導者がこのような数多くの極小社会との連合を作り出す能力と，その結果生まれる中央政府の権威，権力そして正統性に左右されてきたとする。中央政府が，地方の各社会と密接に連携すればするほど，中央政府は安定するが，その連携や相互作用は，法的あるいは合理的規範に依拠するものではなく，国家指導者の人格に依存するものであったと分析する。そして，アフガニスタンにおける長年の紛争は，同国の社会に２つの影響をもたらしたとしている。つまり内戦による①権力構造，国家枠組み，そして中央と地方の双方向的関係性の崩壊，②権力の分散と地方における有力者（local power holders）の台頭，そして彼らによる恣意的な，かつ中央政府から離反させるような地域社会の支配，である。

現象としての地方有力者の台頭はカカー[115]やクーフィ[116]が指摘しているとおりであるが，サイカルは国家と地域社会の関係に注目し，1747年にアフガニスタンという「国家」[117]が登場して以来の国家と地域社会の関係を「強い地域社会」と「弱い国家」として描き出した点に特徴があり，内戦の結果，地方における地域社会そのものも変容した点を指摘している。

グレースも，農村部の現実として，国家制度や中央行政機構，国家による法の支配とは別の論理によって，農村部の人々の営みが行われている点を指摘しているが[118]，サイカルは「強い地域社会」と「弱い国家」という枠組みからアフガニスタンの中央と地方の関係を説明している。

しかし，サイカルの指摘は，実際のフィールドにおける考察に依拠したものではなく，アフガニスタンの全般的な状況として述べており，実際の農村社会がどのようになっているかという点については検証が必要であろう。

国としてのアフガニスタンの動乱，国際政治の中における大きな混乱の中で，国民の大多数を占める農民たちの生活もまた大きな影響を受けてきた。現在に至っても国民の約72％が農村部に居住し，さらに５％が遊牧民としての生活をしているとされ[119]，合計約77％が農村部に基盤を置いた生活をしていると考えられる。以上の数字からも示されるように，2001年以降のアフガニスタンにとっては，国民の大多数を占める農村あるいは農民の生活の再建・確立と向上は大きな課題である。[120]

次に，国家の変遷の中における農民および農村社会に関する先行研究を見てみよう。日本で最も古いアフガニスタンの農村や社会状況に関する考察は，1930年代にアフガニスタンでの農業技術指導のために3年ほど駐在した尾崎の文献であろう。[121] また，1970年には日本人研究者がアフガニスタン農村部におけるフィールドワークを行い，アフガニスタンの農村調査を実施している。[122] 大野は約4か月間，2つの村落に滞在して，社会構造や土地所有と水の分配などについて分析した。そして2001年以降，大野が訪れたアフガニスタン農村の追跡調査も，鈴木によって実施されている。[123] しかし，大野が農村調査を行ったのは内戦前の1970年と古く，その後の内戦の影響を鈴木が考察しているものの，2003年の現地調査は限られた時間の中での調査であり，さらに同調査からすでに10年が経過しようとしており，さらなる追加的農村調査が要請される。また，デュプレはアフガニスタン農村部の調査を1950年代より行い，その後の農村調査の基礎資料となっている。[124] しかし，大野や鈴木の調査とは対照的に，やはりアフガニスタン全土をマクロ的に捉えようとすることにより，農村の詳細というミクロな考察が捨象されており，内戦激化以前の調査のため，1970年以降の政治的混乱や内戦が農村に与えた影響については考察できていない。

その後，対ソ戦および内戦が勃発した後のアフガニスタンの農村社会について，調査が次第に困難になる中でも，研究は行われてきた。カカーは，対ソ戦が開始された1979年以降，地方部の伝統的指導層ではなく，反ソ武装勢力から新型武器を入手するチャンネルを有する宗教指導者（Mullah：ムッラー）と，武器を実際に保有する野戦司令官らが地方レベルでの「勢力」としての台頭を指摘していた。[125] 1980年代の内戦以前においては，各村のモスクにいる宗教指導者は，アフガニスタン国内のイスラム慣行により他地域から来るため，地域に根差した社会的影響力はほとんどなかったとされていた。[126] また，1979年以降，地主等の伝統的指導者層の子弟が，野戦司令官として台頭した状況も指摘されている。[127]

2001年以降は，再びアフガニスタンの農村社会に関する研究が増加する時期となった。ワイリーは2001年以降のアフガニスタンの農村社会，特に土地問題を中心に考察し，内戦の結果として，アフガニスタン農村における土地所有権を大きな問題として指摘した[128]。また，農村社会における土地所有権問題が，農村地域の安定に寄与するとしている[129]。

農村部に対する中央政府の影響力は，土地権利に焦点を当ててみても，限定的であるとされる。さらに農村部おいては国家による法の支配が行き届かないと指摘されている[130]。デシャンプは，大多数の農民の生活の基盤となっている土地の所有権に関する係争を，公的な司法システムが対応できず，その外で処理していくことは，法の正統性を掘り崩すことになると指摘している[131]。実際，農村部の人々が，農地や遺産相続問題，家と家の争いなどについて，政府ではなく，タリバンの法廷を利用しているとする研究もなされている[132]。

2011年11月29日から12月１日には，釜山 HLF で脆弱国支援に関して New Deal が採択された。その際，紛争影響下国に対する国際支援において特別な配慮[133]が必要なことが認識されて，アフガニスタンはパイロット国の１つとして，脆弱国に対する支援の実施がモニターされている。また，アフガニスタン支援の有効性についても，様々な機関が援助の有効性を検証している。

リスターとワイルダーは，アフガニスタンにおける地方行政と国家再建に注目し，ローカル・ガバナンスの重要性を指摘しているが[134]，今後必要とされるのは実証的にこれらの指摘を検証していくことだろう。

5　平和構築をめぐる議論の再検討に向けて

リベラル・ピースを代表するパリスらの議論は，紛争を経験した国が，新たに平和を定着させようとする時に，「どのように」国家や制度を作っていくかに焦点を当てたところに新しさがあるといえる。しかし，リッチモンドの指摘にあるように，それは「上からの」平和構築となってしまうという批判は，説得力がある。また，国家という単位を分析の中心に持ってくると，国家の構成員たる国民，特に，紛争を経験したような国で国民の大多数を占める地方居住の農民や農村を，どのように国家再建という枠組みに組み込んでいくかという視点が欠けてしまう。そして，国家に焦点を当て，西側先進国が主導する国家建設の取り組みは，「土着のパラダイム（indigenous paradigm）」を取り込むことができないとする指摘は[(135)]，国際社会という外部者によるガバナンス強化の議論に対して重要な批判を提示している。

世界銀行は，『世界開発報告（1997年版）』において，「国家支配型の開発は失敗した。しかし，国家のない開発もまた失敗した」と指摘している[(136)]。武内はアフリカを事例としながら，「国家建設」と「国家形成」を区別し，既存の研究の中で，国家建設については研究がなされてきたが，国内紛争等の経験が社会に与える破壊という「否定的影響」と同時に，国民の統合あるいは新たな意識の形成など，社会変容を引き起こす「肯定的影響」に着目する。そして，紛争が国家形成に正の影響を与えるパラドクスを指摘しつつ，紛争が国家の在り方に与えるダイナミズムを包摂したアプローチとして，国家「形成」という視点の重要性を論じている[(137)]。これらの指摘は，国家制度の構築とガバナンスを通じた国家建設に焦点が当たっている既存研究に対して，紛争の影響下にある社会の実態を視野に入れた，平和構築の検討の必要性を示唆しているといえる。

註

(1)　バシャルドスト議員は，国際社会が1年間にアフガニスタンに投入する支援の額が，1999年の同国の GDP の数年分に相当する規模であったとしている。Live Leak, 'Dr. Ramazan Bashardost,' *Live Leak*, February 9, 2013〈http://www.liveleak.com/view?i=1b0_1360466715〉（最終アクセス：2015年10月11日）．また，大規模な国連ミッション発動に対するメディアの影響に着目した考察は，ある紛争が多くの国際支援を引き付ける一方で，別の紛争ではその生命財産に対する深刻な影響にも拘らず，国際支援が行われないという現象に対して一つの説明を提供する。Jakobsen, Peter Viggo, 'National Interest, Humanitarianism, or CNN : What Triggers UN Peace Enforcement after the Cold War?' *Journal of Peace Research*, 33 : 2 (May), 1996, pp. 205–215.

(2)　United Nations, *Report of the Panel on United Nations Peace Operations*, United Nations, General Assembly, Security Council, A/55/305–S/2000/809, 21 August 2000, Para 13.

(3) United Nations, *ibid.*, Para 13.

(4) 戦争に関しては，Wright, Quincy, *A Study of War*, Chicago : University of Chicago Press, 1965. Paret, Peter, ed., with the Collaboration of Gordon A. Craig and Felix Gilbert, *Makers of Modern Strategy : From Machiavelli to the Nuclear Age*, Princeton, N. J.: Princeton University Press, 1986 等が挙げられる。また，戦争の法的規制に関しては，Hague Peace Conferences, 1899 and 1907 ; Kellog-Briand Pact, 1922 ; *Charter of the United Nations*, 1945 等の取り組みを通じてなされてきたといえる。

(5) ガルトゥング，ヨハン；高柳先男・塩屋保・酒井由美子訳『構造的暴力と平和』，八王子：中央大学出版部，1991年。

(6) 紛争に関しては，さらに(a)純粋な国内型紛争（Intrastate）と，(b)他国の軍事介入を伴った国内型紛争（Intrastate with Foreign Intervention），の2類型に分類することができる。Wallensteen, Peter, and Margaretta Sollemberg, 'The End of International War? Armed Conflict 1989-1995,' International Peace Research Association, *Journal of Peace Research*, London, Vol. 33, No. 3, 1996, p. 354.

(7) ルペシンゲ，クマール；黒田順子著『地域紛争解決のシナリオ』，東京：スリーエーネットワーク，1994年，129ページ。

(8) ルペシンゲ，前掲書，124ページ。

(9) 戦争もしくは軍事紛争の定義に関しては，多くの研究がなされている。例えば，Minor armed conflict（当該紛争の過程で，戦闘に関連した死者が1,000人未満），Intermediate conflict（当該紛争の過程で，戦闘に関連した死者が1,000人以上，しかし1年間で見た場合の戦死者数は，1,000人未満），War（当該紛争の過程で，戦闘に関連した死者が1,000人以上であり，1年間で見た場合の戦死者数も1,000人以上）という区分もある。Wallensteen and Sollemberg, *op.cit.*, pp. 354-355.

(10) ルペシンゲ，前掲，114ページ。

(11) World Bank, *World Development Report 2011*, Washington, D. C.: World Bank, 2011, p. xvi.

(12) OECD, *International Support to Statebuilding in Situations of Fragility and Conflict*, DCD/DAC (2010) 37, 2010, p. 12.

(13) UNDP, *Governance for Peace : Securing the Social Contract*, N. Y.: UNDP, 2012, p. 16.

(14) Strand, Harvard, and Marianne Dahl, *Defining Conflict-Affected Countries*, Paris : UNESCO, 2010, p. 10. なお，世界銀行は，アプサラ大学の紛争データベースを利用して年間死者数が1,000人を超える紛争という指標を使って紛争影響下国を定義している。World Bank, *World Development Report 2011*, p. 68.

(15) Strand and Dahl, *ibid.*, p. 10.

(16) The Fund for Peace, 'What Does "State Fragility" Mean?', 〈http://fsi.fundforpeace.org/faq-06-state-fragility〉（最終アクセス：2015年10月12日).

(17) 失敗国と破綻国をほぼ同様に見る見方もある。Crisis States Research Centre, 'Crisis, Fragile and Failed State: Definitions Used by the CSRC,' London: London School of Economics and Political Science, University of London, 2006 〈http://www.lse.ac.uk/internationalDevelopment/research/crisisStates/download/drc/FailedState.pdf〉（最終アクセス：2015年10月12日).

(18) ここで「標準的」と括弧で付したが，篠田の引用で後述するように，紛争国国家を「異常」として，その対置概念として「正常」な国家を想定することは，拙速であろう。なぜなら，今日の世界で，「正常」な国家と見ることができる国の方が，絶対数で少ないからである。

(19) 例えば，国家建設に焦点を当てる議論は，Fukuyama, Francis, *State-Building: Governance and World Order in the 21st Century*, Ithaca, N. Y.: Cornell University Press, 2004; Hynek, Nik, and Péter Marton, eds., *Statebuilding in Afghanistan: Multinational Contributions to Reconstruction*, London: Routledge, 2012. 法の支配の構築を重視する議論は Tondini, Matteo, *Statebuilding and Justice Reform: Post-Conflict Reconstruction in Afghanistan*, London; New York: Routlegde, 2010; Mason, Whit, ed., *The Rule of Law in Afghanistan: Missing in Inaction*, Cambridge: Cambridge University Press, 2011. 国家制度の再建を主張する立場として，Ponzio, Richard, *Democratic Peacebuilding: Aiding Afghanistan and Other Fragile States*, Oxford: Oxford University Press, 2011 等がある。

(20) 篠田英朗，『平和構築入門』，東京：ちくま新書，2013年，33～34ページ。

(21) Rostow, Walt, *The Stages of Economic Growth: A Non-Communist Manifesto*, Cambridge [England]; New York: Cambridge University Press, 3rd edition, 1990.

(22) Boutros-Ghali, Boutros, *An Agenda for Peace: Preventive Diplomacy, Peacemaking and Peace-Keeping*, UN Doc. A/47/277-S/24111, June, 1992.

(23) ヴェーバー，マックス；脇圭平訳，『職業としての政治』，東京：岩波書店，2010年，9ページ。

(24) アンダーソンは，国家を構成する「国民」という概念が，「創造の共同体」であると指摘する。国家が支配する一定の領域内に居住する人々を纏め上げるためには，差異ではなく，同一性を強調する必要があると考えられる。たとえ「これを構成する人々は，その大多数の同胞を知ることも，会うことも，あるいはかれらについて聞くこともなく，それでいてなお，ひとりひとりの心の中には，共同の聖餐【コミュニオン】のイメージが生きている」のである。部族社会といわれ，また長い内戦を経験したアフガニスタンにおいても，「アフガニスタン」という国家の意識が人々の間に見られることは，国家制度とは別の次元で，国としてのアフガニスタンをイメージしていると考えられる。アンダーソン，ベネディクト；白石さや・白石隆訳，『想像の共同体――ナショナリズムの起源と流行』，東京：NTT 出版，1997年，24ページ。また，人々を凝集させるものとして，ナショナリズムが指摘される。人々に共通の「神話と記憶」がナショナリズムを生み出し，身体生命すらも，そのためにささげるようになる。Smith, Anthony D., *Myths and Memories of the Nation*, Oxford : Oxford University Press, 1999. しかし，アンダーソンやスミスの視点は，破綻国や紛争を経験した国や人々という，同じ領域内に住む人間集団間の暴力的対立については，有効な説明を与えることができない。

(25) キーンは，紛争を継続させる要因として，紛争の経済を指摘する。つまり，各武装勢力が，物理的暴力を手段として支配地域の住民や経済を搾取して経済的利潤を追求するためには，紛争が継続する必要があり，自らが支配地域における暴力を独占するインセンティブを与える。Keen, David, 'War and Peace : What's the difference?' in Adekeye Adebajo, Chandra Lekha Sriram, eds., *Managing Armed Conflicts in the 21st Century, Special Issue of International Peacekeeping*, vol. 7, No. 4 (Winter), 2000.

(26) Kaldor, Mary, *New and Old War*, Cambridge : Polity Press, 2001, p. 5.

(27) United Nations, Security Council Resolution 1645, UN Document S/RES/1645, 2005.

(28) 国際連合平和維持活動局フィールド支援局，『国連平和維持活動――原則と指針』，国際連合，2008年，22ページ。

(29) 篠田英朗，「平和構築における現地社会のオーナーシップの意義」，『広島平和科学』31，2009年，169ページ。

(30) 篠田，同上論文，169ページ。

(31) イェリネク，ゲオルグ；芦部信喜［ほか］共訳『一般国家学』，東京：学陽書房，1976年，323～354ページ。

(32) Mann, Michael, *The Sources of Social Power : the Rise of Classes and Nation-States, 1760-1914*, Cambridge : Cambridge University Press, 1993. マン，マイケル；森本醇，君塚直隆訳，『ソーシャルパワー――社会的な「力」の世界歴史 II：階級と国民国家の「長い19世紀」』，東京：NTT 出版，2005年，上巻，66～67ページ。マンは，国家権力を「基盤構造的な力」と「専制的な力」の強弱の組み合わせによって４つの国家の理念系ができるとしている。つまり，①基盤構造的な力は低く，専制的な力も低い封建制，②基盤構造的な力が低く，専制的な力が高い帝国主義・絶対主義，③基盤構造的な力が高く，専制的な力が低い官僚制・民主制，そして④基盤構造的な力が高く，専制的な力も高い権威主義，の４つである。

(33) Mann, Michael, *The Sources of Social Power : a History of Power from the Be-*

ginning to A. D. 1760, Cambridge : Cambridge University Press, 1986, pp. 22–28.

(34) Soifer, Hillel, and Matthias com Hau, 'Unpacking the Strength of the State : The Utility of State Infrastructural Power,' *Studies in Comparative International Development*, 2008, Vol. 43(3) (December), Vol. 43(3), p. 222.

(35) Soifer, Hillel, 'State Infrastructural Power : Approaches to Conceptualization and Measurement,' *Studies in Comparative International Development*, 2008, Vol. 43(3) (December), pp. 231–251.

(36) Leftwich, Adrian, ed., *Democracy and Development : Theory and Practice*, Cambridge : Polity Press, 1996, p. 284

(37) Hynek, Nik, and Péter Marton, eds., *Statebuilding in Afghanistan : Multinational Contributions to Reconstruction*, London : Routledge, 2012 ; Tondini, Matteo, *Statebuilding and Justice Reform : Post-Conflict Reconstruction in Afghanistan*, London ; New York : Routlegde, 2010.

(38) Diamond, Larry, *Promoting Democracy in the 1990s : Actors and Instruments, Issues and Imperatives*, Report to the Carnegie Commission on Preventing Deadly Conflict, Carnegie Corporation of New York, 1995, p. 5.

(39) Collier, Paul, and Anke Hoeffler, *Greed and Grievance in Civil War*, The World Bank Policy Research Working Paper 2355, May, 2000.

(40) Stewart, Francis, *Horizontal Inequalities and Conflict : Understanding Group Violence in Multiethnic Societies*, Basingstoke : Palgrave Macmillan, 2008.

(41) Doyle, Michael W., 'Kant, Liberal Legacies, and Foreign Affairs,' Parts 1 and 2, *Philosophy and Public Affairs*, 12 : 3–4 (Summer and Fall), 1983, pp. 205–254 and 323–353.

(42) Levy, Jack S., 'Domestic Politics and War,' *Journal of Interdisciplinary History*, 18 : 4 (Spring), 1988, pp. 653–673, pp. 653–673. Chan, Steve, 'In Search of Democratic Peace : Problems and Promise,' *Mershon International Studies Review*, 41 (supp. I), 1997, pp. 59–91 ; Russett, Bruce, and Harvey Starr, 'From Democratic Peace to Kantian Peace : Democracy and Conflict in the International System,' in Manus I. Midlarsky, ed., *Handbook of War Studies*, Ann Arbor : University of Michigan Press, 3rd edition, 2009.

(43) Mansfield, Edward D., and Jack Snyder, 'Democratization and War,' *Foreign Affairs*, 74 : 3 (May–June), 1995, pp. 79–97 ; 'Democratization and the Danger of War,' *International Security*, 20 : 1 (Summer), 1995, pp. 5–38 ; Gleditsch, Kristian S., and Michael D. Ward, 'War and Peace in Space and Time : The Role of Democratization, *International Studies Quarterly*, 44 : 1 (March), 2000, pp. 1–29.

(44) Rummel, Rudolph Joseph, *Power Kills : Democracy as a Method of Nonviolence*,

New Brunswick, N. J.; London: Transaction, 2002, p. 85.

(45) Rummel, Rudolph Joseph, 'Democracy, Power, Genocide, and Mass Murder,' *Journal of Conflict Resolution*, 39: 1 (March), 1995, p. 4.

(46) パリスは，効率的な国家制度が国内平和に貢献することを理解したうえで，効率的な国家制度を国内に作り出すことに焦点を当てる。パリスは以下のようにいう。「典型的なリベラルの理論では，国内的平和の前提条件として，効率的な国家機構の重要性を理解する。そしてこの考察は，今のリベラル・ピースの研究と平和構築の実践に取り入れられるべきである」。Paris, Roland, *At War's End: Building Peace after Civil Conflict*, Cambridge: Cambridge University Press, 2004, p. 235.

(47) Paris, *ibid.*, p. ix.

(48) パリスは，平和構築を，あくまでも，紛争が終結した後，つまり，ポスト・コンフリクトのあとに展開される活動としている。Paris, *ibid.*, p. 39.

(49) Paris, *ibid.*, p. 5.

(50) PKO の「成功」をどのように定義するかという点に関し，パリスは，大規模な暴力的対立を防ぐという意味では，14件の PKO のうち11件までが成功したとする。しかし，コフィ・アナンやブトロス・ガリが念頭に置いた，PKO 終了後も続く持続可能な平和（sustainable peace）という点から見ると，成功とは言い難いとする。Paris, *ibid.*, p. 6.

(51) Paris, *ibid.*, p. 7.

(52) ポンツィオは，紛争後の平和構築にあたって，民主的政府による平和構築，ひいては民主的国家制度の再建の重要性，つまり，Liberal Peacebuilding Theory の重要性を指摘している。例えば，Ponzio, Richard, *Democratic Peacebuilding: Aiding Afghanistan and Other Fragile States*, Oxford: Oxford University Press, 2011.

(53) Richmond, Oliver, *The Transformation of Peace*, Basingstoke: Palgrave Macmillan, 2005.

(54) Richmond, Oliver, *Peace in International Relations*, N. Y.: Routledge, 2008, p. 112. Richmond, Oliver, *Transformation of Peace*, pp. 184–185. あるいは，「外の人々のための平和」ということもできるだろう。

(55) Lederach, John Paul, *Building Peace: Sustainable Reconciliation in Divided Societies*, Washington, D. C.: United States Institute of Peace Press, 1997.

(56) Saunders, Harold H., 'Prenegotiation and Circum-Negotiation,' in Chester A. Crocker, Fen Osler Hampson, and Pamela Aalltes eds., *Turbulent Peace: the Challenges of Managing International Conflict*, Washington, D. C.: United States Institute of Peace Press, 2001.

(57) Reimann, Cordula, 'Assessing the State-of-the-Art in Conflict Transformation,' in Alex Austin, Martina Fischer, Norbert Ropers eds., *Transforming Ethnopoliti-*

cal Conflict : the Berghof Handbook, Wiesbaden : VS Verlag für Sozialwissenschaften, 2004.

(58) Duffield, Mark, *Global Governance and the New Wars*, London : Zed Books, 2001, p. 11.

(59) Kant, Immanuel, 'Idea for a Universal History with a Cosmopolitan Purpose,' reprinted in Hans Reiss, ed., *Kant : Political Writings*, 1991 [1784], pp. 44-47.

(60) 援助の手法として草の根アプローチがある。しかし，地域の実態を把握，理解したうえでニーズに応えるプロジェクトを実施するという理念に対して，現実には，地域の経済社会的理解を割愛し，地域が提案するプロジェクトを承認するという形式的作業に陥っているように思われる。

(61) Jeong, Ho-Won, *Peacebuilding in Postconflict Societies*, Boulder, Colo. : Lynne Rienner, 2000, p. 33.

(62) Belloni, Roberto, 'Hybrid Peace Governance : Its Emergence and Significance,' *Global Governance : A Review of Multilateralism and International Organizations*, Boulder, Colo. : Lynne Rienner Publishers, 18(1), 2012, pp. 21-38.

(63) Mac Ginty, Roger, 'Hybrid Peace : How Does Hybrid Peace Come About?' in Susanna Campbell, David Chandler and Meera Sabaratnam eds., *A Liberal Peace? : The Problems and Practices of Peacebuilding*, London : Zed Books, 2011, p. 215.

(64) しかし，マックジンティは，西欧型国家モデルと同時に，非自由主義的価値や制度の包摂を重視するといっても，その結果生まれるハイブリッドなモデルは，必ずしも肯定的な者とは限らないとしている。つまり，戦争や不正義が，ハイブリッドによって生まれる可能性があるという。Mac Ginty, *ibid.*, p. 222.

(65) Mac Ginty, *ibid.*, p. 214.

(66) Suhrke, Astri, and Ingrid Samset, 'What's in a Figure?　Estimating Recurrence of Civil War,' *International Peacekeeping*, 14 : 2, 2007, pp. 195-203.

(67) Mac Ginty, *op.cit.*, p. 214.

(68) Mac Ginty, *ibid.*, p. 214.

(69) Mac Ginty, *ibid.*, p. 214.

(70) Fukuyama, Francis, *State-Building : Governance and World Order in the 21st Century*, Ithaca, N. Y. : Cornell University Press, 2004, p. 130.

(71) OECD, *International Support to Statebuilding in Situations of Fragility and Conflict*, DCD/DAC, (2010)37, 2010, pp. 11-12.

(72) UNDP, *Governance for Peace : Securing the Social Contract*, N. Y. : UNDP, 2012.

(73) UNDP, *Governance for peace : securing the social contract*, p. 18.

(74) 佐藤章,『紛争と国家形成——アフリカ・中東からの視角』, 日本貿易振興機構アジア経済研究所, 2012年。
(75) なお, 佐藤章は, ガバナンスという概念が規範的な色彩を帯びていることを指摘している。この指摘は,「ガバナンス」という言葉が状態を表しているのか, それとも, あるべき姿を意味しているのかを, われわれが精査していく必要性を示唆しているといえる。佐藤, 2012, 7～8ページ。
(76) 佐藤章が意味する「アナーキー」とは, 無政府状態ではなく, 多数のアクターが並列的に遍在する状況を指している。佐藤, 前掲書, 2012年。
(77) Democratic Network Governance という概念も提唱されている。
(78) 猪口孝,『ガバナンス』, 東京大学出版会, 2012年, 3ページ。
(79) 猪口, 同上書, 54ページ。
(80) 猪口, 同上書, 3ページ。
(81) 「すべて人は, 直接に又は自由に選出された代表者を通じて, 自国の政治に参与する権利を有する」(第21条第1項),「すべて人は自国においてひとしく公務につく権利を有する」(第21条第2項),「人民の意思は, 統治の権力の基礎とならなければならない。この意思は, 定期のかつ真正な選挙によって表明されなければならない。この選挙は, 平等の普通選挙によるものでなければならず, また, 秘密投票又はこれと同等の自由が保障される投票手続によって行われなければならない」(第21条第3項)。*Universal Declaration of Human Rights*, Article 21.
(82) フクヤマは民主主義政治体制を,「人間のガバナンスの最終形態として, 人類の思想的発展と西洋の自由民主主義の世界化の最終到達地点」とする。Fukuyama, Francis, *The End of History and the Last Man*, New York: Free Press, 2006, p. 4.
(83) United Nations, *Support by the United Nations System of the Efforts of Governments to Promote and Consolidate New and Restored Democracies*, UN document A/53/554, October 29, 1998, paragraph 37.
(84) United Nations, *Promotion of the Right to Democracy*, UN Commission of Human Rights Resolution 1999/57, April 27, 1999.
(85) 民主的権利として挙げられているのは以下のとおりである。①意見と表現の自由, 思想の自由, 良心, 宗教, 平和的結社と集会の自由の権利, ②メディアを通じた情報とアイディアの探求, 受領, そして開示の自由の権利, ③市民の権利, 利益, 個人的安全, 司法における公平, そして司法の独立の法的保護を含む, 法の支配, ④一般平等な選挙権, 自由投票, 定期的で自由な選挙の権利, ⑤すべての市民が候補者になることが可能な政治的参加の権利, ⑥透明で説明責任のある政府機構, ⑦市民が憲法的あるいは他の民主的手段によって政治システムを選ぶ権利, ⑧それぞれの国における公的サービスへの平等なアクセスの権利。United Nations, *Universal Decralation of Human Rights*, General Assembly Resolution 217 A (III), Decem-

ber 10, 1948.

(86) UNDP, 'Our work : overview,' 〈http://www.undp.org/content/undp/en/home/ourwork/overview.html〉（最終アクセス：2015年10月11日).

(87) Annan, Kofi, 'Good Governance Essential to Development, Prosperity, Peace, Secretary-General Tells International Conference,' July 28, 1997, *UN Press Release*, SG/SM/6291 Dev/2166.

(88) Paris, *op.cit.*, p. 33.

(89) アフガニスタンに対しても2008年，PRSP が導入された。アフガニスタンにおける PRSP は，ANDS（Afghanistan National Development Strategy）として，2008年にアフガニスタン政府の主導で作成された。もっとも，多くの開発関連文書で見られるように，政府による文書といいつつも，ANDS 執筆は，多くの外国人コンサルタント等によって執筆されたのが実態である。Islamic Republic of Afghanistan, *Afghanistan National Development Strategy*, 2008.　また，HIPCs イニシアティブについても，2010年１月に HIPCs 基準に到達し，パリクラブ参加国が10億ドル超の債務放棄を行い，21億ドル以上の債務が，10億ドル程度にまで減少した。

(90) OECD, *The Paris Declaration on Aid Effectiveness*, DAC/OECD, 2005, 〈http://www.oecd.org/dac/effectiveness/34428351.pdf〉（最終アクセス：2015年10月11日).

(91) World Bank, *Governance : the World Bank's Experience*, Washington, D. C.: World Bank, 1994, p. xiv.

(92) Migdal, Joel S., *Strong Societies and Weak States : State-Society Relations and State Capabilities in the Third World*, Princeton, N. J.: Princeton University Press, 1988.

(93) Smith, 2007, pp. 246-248.

(94) Pierre, Jon, and Guy Peters, *Governance, Politics and the State*, N. Y.: St Martin's Press, 2000, pp. 1-2.

(95) Kaufmann, Daniel, Aart Kraay, Pablo Zoido-Lobaton, *Governance Matters*, World Bank, Policy Research Working Paper 2196, Washington, D. C.: World Bank, 1999.

(96) UNDP, *A Guide to UNDP Democratic Governance Practice*, N. Y.: UNDP, 2010, p. 14.

(97) World Bank, *Governance and Development*, 1992, p. 1.

(98) Grindle, Merilee, 'Good Enough Governance : Poverty Reduction and Reform in Developing Countries.' *Governance : An International Journal of Policy, Administration, and Institutions*, Vol. 17[1], 2004, p. 537.

(99) Grindle, *ibid.*, p. 526.

(100) Grindle, *ibid.*, p. 527.

(101) Grindle, *ibid.*, p. 526.

(102) その特徴として，①暴力が国家によって独占されるのではない「暴力の多極化」の発現，②脆弱な公的経済基盤に起因した，麻薬と武器の財源化，そして③強奪，強姦，虐殺など，最小限の人類的規範に対する弱い順守精神，が指摘される。猪口，前掲書，50～53ページ。

(103) Ghani, Ashraf, and Clare Lockhart, *Fixing Failed States : A Framework for Revolt*, Oxford : Oxford University Press, 2008, p. 7.

(104) Leftwich, Adrian, ed., *Democracy and Development : Theory and Practice*, Cambridge : Polity Press, 1996.

(105) Brinkerhoff, Derick W., ed., *Governance in Post-Conflict Societies : Rebuilding Fragile States*, London : Routledge, 2007.

(106) Brinkerhoff, *ibid.*, p. 2.

(107) Brinkerhoff, *ibid.*, p. 5.

(108) UNDP, *Capacity Development in Post-Conflict Countries*, N. Y. : UNDP, 2010.

(109) UNDP, *Governance for Peace : Securing the Social Contract*, N. Y. : UNDP, 2012.

(110) 南下を目指すロシアと，英領インドを確保するイギリスとがぶつかり合った国がアフガニスタンであり，英露の「グレート・ゲーム」の文脈に同国が置かれた19世紀以降，アフガニスタン王朝，政府が支援国からの資金援助で国家を維持してきた様子については，以下が詳細に検討している。Dalrymple, William, *Return of a King : The Battle for Afghanistan*, London : Bloomsbury, 2013. タリバン後のアフガニスタンに暫定行政機構ができた2001年においても，国家財政は税収によって賄うことができず，ダルリンプルの指摘は，現代アフガニスタンにも当てはめることができる。

(111) 2001年以降のアフガニスタンの国旗には，アフガニスタン太陽暦年の「1298」（西暦換算は1919年）という数字が入れられていることからも，現在の「アフガニスタン」という国家の独立を同年とみなされていることが分かる。

(112) Saikal, Amin, 'Afghanistan's Weak State and Strong Society,' in Simon Chesterman, Michael Ignatieff, and Ramesh Thakur ed., *Making States Work : State Failure and the Crisis of Governance*, Tokyo ; New York : United Nations University Press, 2005.

(113) サイカルは，その社会でのみ通用する規範を持つ社会単位と定義する。

(114) Poullada, Leon B., *Reform and Rebellion in Afghanistan : King Amanullah's Failure to Modernize a Tribal Society*, Ithaca, N. Y. : Cornell University Press, 1973.

(115) Kakar, Hassan M., *Afghanistan : The Soviet Invasion and the Afghan Response,*

1979-1982, Berkeley : University of California Press, 1995.

(116) クーフィ，フォージア；福田素子訳，『わたしが明日殺されたら』，東京：徳間書店，2011年。

(117) 近代アフガニスタンの公的な建国は記述のとおり1919年であるが，近代アフガニスタン王家が，現在のアフガニスタンの領域内に「アフガニスタン」という呼称で王朝を打ち立てた年が1747年である。

(118) Grace, Jo, *Who Owns the Farm? Rural Women's Access to Land and Livestock*, Afghanistan Research and Evaluation Unit, Kabul : Afghanistan, 2005.

(119) Islamic Republic of Afghanistan, *Afghanistan Statistical Yearbook 2011-2012*, Central Statistics Organization, Kabul : Afghanistan, 2012.

(120) Nojumi, Neamatollah, Dyan Mazurana, and Elizabeth Stites, *Life and Security in Rural Afghanistan*, Lanham : Rowman and Littlefield Publishers, 2009 は，地方農村部の生活を，人間の安全保障の観点から考察しているが，農村地帯の生活や伝統的司法制度についても言及している。

(121) 尾崎三雄・尾崎鈴子，『日本人が見た30年代のアフガン』，福岡：石風社，2003年。

(122) 大野盛雄，『フィールドワークの思想――砂漠の農民像を求めて』，東京：東京大学出版会，1974年。

(123) 鈴木均編，『ハンドブック現代アフガニスタン』，東京：明石書店，2005年。鈴木は2003年の追跡調査に際し，大野が訪れたカバービアン村を訪問し，30年以上を経て，人口増加などがあったにも拘らず，農村社会の構造・生産構造に変化が見られていないことを，驚きを以て報告し，アフガニスタンの「復興」が「どのような状態に『復させる』のか」に疑問を呈している。

(124) Dupree, Louis, *Afghanistan*, Princeton, N. J. : Princeton University Press, 1973.

(125) Kakar, *op.cit.*, 1995, pp. 141-144.　宗教指導者の台頭を表す端的な例は，タリバンの主要幹部の多くが，「ムッラー」という呼称を使用していることにも示されている。タリバンの指導者は，ムッラー・オマルであり，その次席も，ムッラー・バラダールと呼ばれている。

(126) Huldt, Bo, and Erland Jansson eds., *The Tragedy of Afghanistan : the Social, Cultural and Political Impact of the Soviet Invasion*, London ; New York : Croom Helm, 1988, p. 79.

(127) クーフィは，現職の女性国会議員であり，自らも地方農村部有力者の家系出身であり，内戦期における有力者家族の没落と，自らの兄弟が野戦司令官になっていった様子について詳述している。クーフィ，前掲書。

(128) Wily, Liz Alden, *Land Rights in Crisis : Restoring Tenure Security in Afghanistan*, Afghanistan Research and Evaluation Unit, Kabul : Afghanistan, 2003.

(129) Wily, Liz Alden, *Looking for Peace on the Pastures : Rural Land Relations in*

Afghanistan, Afghanistan Research and Evaluation Unit, Kabul : Afghanistan, 2004.

(130) Wily *op.cit.*, 2003 ; Deschamps Colin, and Alan Roe, *Land Conflict in Afghanistan : Building Capacity to Address Vulnerability*, Afghanistan Research and Evaluation Unit, Kabul : Afghanistan, 2009.

(131) Deschamps and Roe, *ibid.*, p. 1.

(132) Giustozzi, Antonio, Claudio Franco and Adam Baczko, *Shadow Justice : How the Taliban Run Their Judiciary?* Integrity Watch Afghanistan, Kabul : Afghanistan, 2012.

(133) 具体的には，平和構築・国家建設目標（PSGs：Peacebuilding and Statebuilding Goals）として，合法な政治，人々の安全，司法，経済基盤，歳入，公平なサービス，という目標に高い優先度を置くことで，MDGs の達成からほど遠い脆弱国における支援を実施する。The International Dialogue on Peacebuilding and Statebuilding, *A New Deal for Engagement in Fragile States*, 2011. 〈https://www.pbsbdialogue.org/media/filer_public/07/69/07692de0-3557-494e-918e-18df00e9ef73/the_new_deal.pdf〉（最終アクセス：2015年10月12日）.

(134) Lister, Sarah, and Andrew Wilder, 'Subnational Administration and State Building : Lessons from Afghanistan,' in Derick W. Brinkerhoff ed., *Governance in Post-Conflict Societies : Rebuilding Fragile States*, London : Routledge, 2007, pp. 241-257.

(135) Chopra, Jarat, and Tanja Hohe, 'Participatory Intervention,' in *Global Governance*, Vol. 10, 2004, p. 289.

(136) 世界銀行，『世界開発報告』，東京：世界銀行東京事務所，1997年，1ページ。

(137) 武内進一，『現代アフリカの紛争と国家――ポストコロニアル家産制国家とルワンダ・ジェノサイド』，東京：明石書店，2009年，15～20ページ。

第2章
「実体のない平和」構築
——紛争影響下でも営まれる生活——

1　紛争影響下カブール州の農村概要

「実体のない平和（virtual peace）」。リッチモンドは国際社会が主導する平和構築の現実の成果をこのように呼んだ。国際社会やドナーなど，外部の者たちには見えるが，そこに住む人々には見えない平和が作られているという指摘である。

本章では，リッチモンドの「実体のない平和」という概念をレンズとして，アフガニスタンの地方農村部の人々の暮らしを見てみたい。ここで意図していることは，国際社会が作り出そうとしている平和構築が，そこに暮らしている人々の日々の営みから離れていることを示したいからである。国際社会が紛争影響下にあるアフガニスタンにおける平和構築の取り組みで目標としているのは，自立的で，市場経済に基づいた，民主的な政治体制である。しかし，本章で示すような地方農村部の生活は，国際社会による平和構築とは関係のない次元である。このようなズレは，国際社会が作り出そうとしている平和で自立した民主国家という目的を逆に阻害してしまっている姿を明らかにしたい。それは，平和構築を巡る議論と政策が，抽象化，一般化というプロセスを経て，国家という制度・枠組みに焦点が当たってしまうことから生じている。そこで本章では，具体的，個別的な農村部の人々の生活に焦点を当てることで，国家中心の平和構築と，人々の暮らしがいかに乖離しているかを示していくことから始めたい。

そこで，まず私たち外部者が持つアフガニスタンの認識から考察を進めてみる。外部者から見たアフガニスタンは，未だに戦火の中にあるようにしばしば認識されている。それは，アフガニスタン国軍（ANA：Afghanistan National Army），国家警察（ANP：Afghanistan National Police），そして国際治安維持支援部隊（ISAF：International Security Assistance Force）それぞれの戦死者数の推移を見れば分かる[(1)]（図2-1）。統計数字が入手可能な2007年以降でも，毎年1,000人以上の ANSF 要員が戦死している。特に，2009年以降は，2年で戦死者数が倍になるほどの勢いであり，2013年には年間で4,700人の ANSF 要員が戦死している。民間人死者数も毎年2,000人から4,000人弱が発生している。

ANA および ANP は，2001年以降，アフガニスタン政府の再建とともに開始され，その人員数規模を拡大させてきた。当初は5万人に満たない規模であった ANA および ANP は，2011年には30万人を超える規模となり，2013年には34万人に迫る勢いとなっている（図2-2）。ANA および ANP の拡大と軌を一にして戦死者も急速に増やしている。

また，米国や NATO 加盟諸国が派遣している ISAF についても，戦死者数が積みあがっている（図2-3）。2001年以降のアフガニスタンにおける戦闘で主導的な役割を果たしている米軍だけで見ても，2001年から2015年7月段階までの間に，2,360人の戦死者を出している。アフガニスタンに派遣された米軍を含む ISAF 各国軍将兵の戦死者総数は，2015年7月の段階で3,490人を超えている[(2)]。

2014年8月5日には，首都カブールにおいて米軍少将が殺害され，1960年代のヴェトナム戦争以来戦死した最高位の米軍将校となった。通常，戦闘において前線に出る将兵は，最小戦闘単位である小隊を構成する志願兵の二等兵，一等兵，および特技兵そして彼らを統率する伍長，軍曹や曹長と，小隊指揮官となる職業軍人の少尉が多い。そのために，必然的に戦闘における戦死者は，二等兵，一等兵，軍曹が多くなる。他方，将官と呼ばれる職業軍人は，階級が上がるほど，戦闘地帯から離れる傾向がある。それにも拘わらず，少将という軍幹部が殺害されることは，「アフガニスタンは，未だに戦争地帯である」という認識を象徴するような事件であった[(3)]。

アフガニスタン国内の ANA と ANP を合わせた ANSF 総数は約34万人，

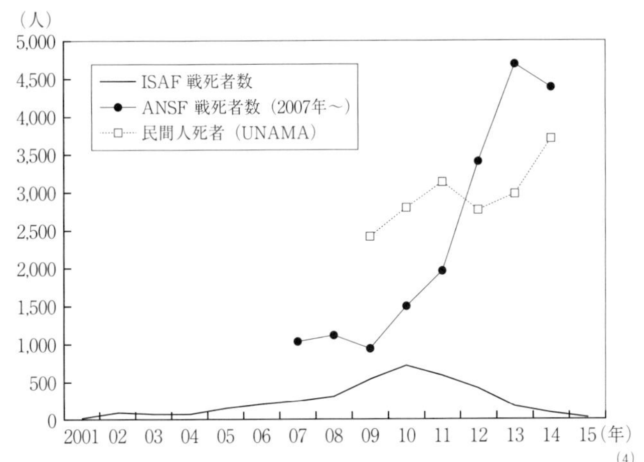

図2-1 アフガニスタン国家治安部隊（ANSF），ISAF，民間人死者数の推移[4]

出典：Brookings，SIGAR，および UNAMA のデータに依拠して筆者作成。

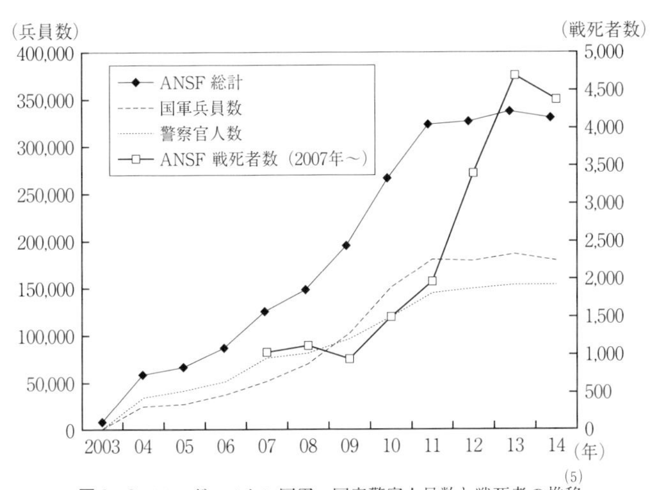

図2-2 アフガニスタン国軍，国家警察人員数と戦死者の推移[5]

出典：Brookings, Afghanistan Index に依拠して筆者作成。

さらにアフガニスタンに派遣された米軍将兵の数は，最盛期の2011年には10万人が国内に駐留していた。同時に，米軍以外の英国，フランス，カナダ，ドイツ等の NATO 諸国等が ISAF に参加しており，米国と他の NATO 諸国等で構成される ISAF 部隊総数は15万人前後に達していた（図2-4）。ANSF 34万

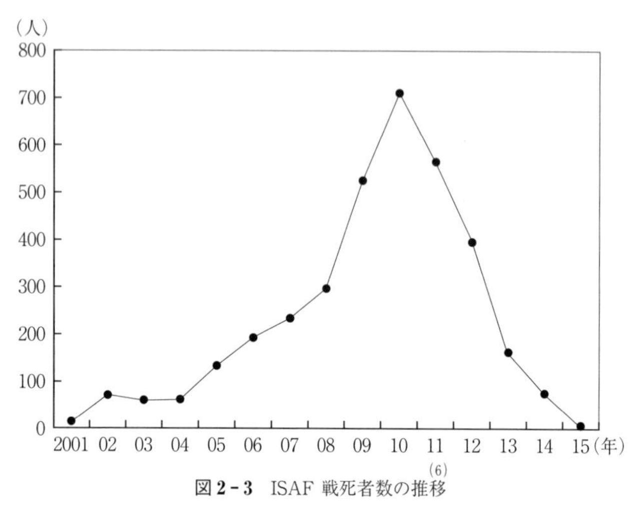

図 2-3 ISAF 戦死者数の推移[6]

出典：iCasualities に依拠して筆者作成。

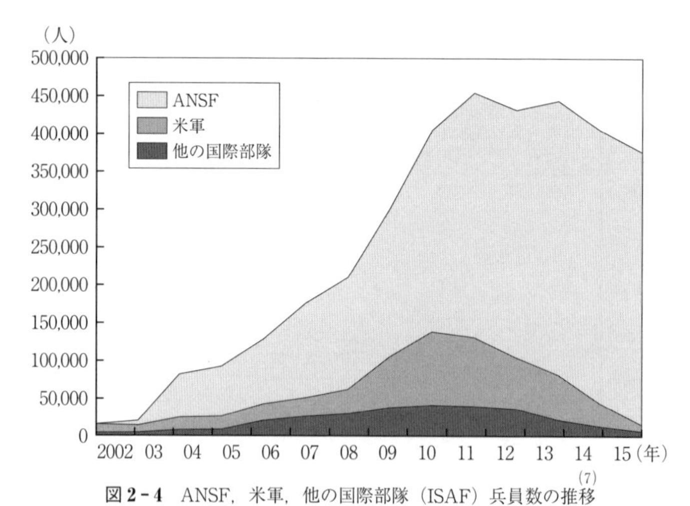

図 2-4 ANSF，米軍，他の国際部隊（ISAF）兵員数の推移[7]

出典：Brookings および NATO データベースより筆者作成。

人，ISAF 15万人，最盛期には総計50万人弱の軍・治安部隊が，タリバンをはじめとする反政府武装勢力に対して，日本の1.7倍の国土で戦闘を展開していたことになる[8]。

50万人弱の軍・治安部隊が反政府武装勢力と戦闘を展開し，毎年4,000人以

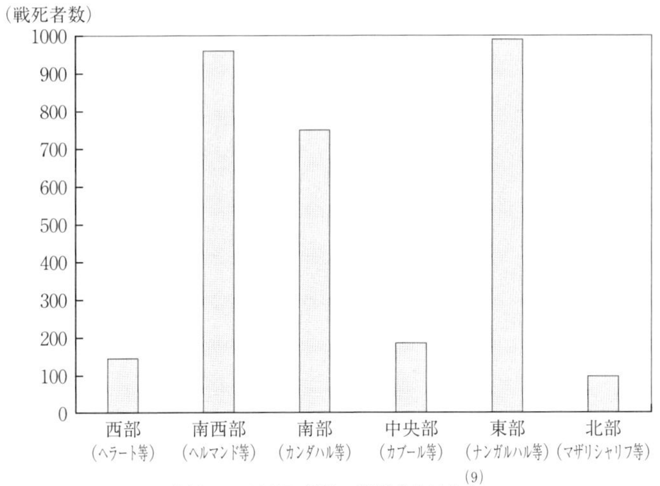

図2-5 ISAF 将兵の戦死者地域分布[9]

出典：iCasualities を基に筆者作成。

上のアフガニスタン人戦死者を出し，2001年以来国際部隊からも3,500人弱の戦死者を出している国は，外部者にとってまさしく戦闘が行われている地と見える。このような軍事作戦が展開されている状況は，ブトロス・ガリがかつて指摘した，平和創造あるいは平和強制を実際に展開しているように見える。

ISAF や国軍，国家警察（ANSF）が50万人近く国土に展開し，ISAF では2001年以降3,490人が戦死，ANSF では，2014年単年度で約4,400人が戦死している。このような統計数字を見れば，アフガニスタンにおいては，戦闘が展開されている状況の中で，新しい中央政府が樹立され，国家建設が進められているということができる。この認識に従えば，国際社会は軍事的支援として，ISAF を派遣して平和を作り出す努力をしつつ，民生支援としてアフガニスタン政府の能力強化や BHN（Basic Human Needs）への平和構築支援を行うという図式になる。

だが，外部者にとって「見える」紛争の様子を詳細に見ていくと，アフガニスタン全体が紛争の中にあるわけではないことが分かる。iCasualities では，2001年以降，アフガニスタンで展開されている ISAF による軍事作戦，Operation Enduring Freedom の戦死者統計を発表しているが，その中で，戦死者の地域分布も発表している。図2-5は，iCasualities のデータを基にして2001年以降の戦死者の地域分布を表したものである。戦闘や攻撃によって戦死者が多く発生している地域は，主として南西部，南部，東部である。それに対して，カブール州が該当する中央部，北部，西部での戦死者は少ない。つまり，戦闘は全国で均一に展開されているのではなく，地域によって戦闘の激しさが異なっているということである。このように，「戦闘が行われているアフガニスタン」という外部者が持ちがちな先入観，そして単純化の結果としてのラベルは，現地における実情を必ずしも反映していないことが分かる。

「戦闘が継続するアフガニスタン」という外部者の認識が単純化されたイメージであることを指摘したが，では，地方農村部における生活とはどのような様子なのだろうか。序章で言及したように，戦闘が継続しているとしても，国土全体で戦闘が同時発生的に展開しているわけではない。そこで以下において，私たち外部者が持つ「戦闘が継続するアフガニスタン」という単純化された視点に対して，紛争影響下とされるアフガニスタン農村部居住者にできるだけ近接し，その生活を描き出すことで対照化し，批判を加えたい。同時に，平和構築の国家中心的なアプローチ，つまり，国家制度建設を中心にした考察への批判として論じたい。

本書では，考察の場の設定として，カブール州北方郡部を検証対象地として選び出している。カブール州北方郡部は，1979年以降の対ソ戦，そして1992年以降の内戦において，カブールを攻略する戦略的地域であったため，激戦が展開された[10]。紛争影響下のアフガニスタン農村とそこにおける「ローカル・ガバナンス」を考察するにあたり，紛争の影響を色濃く受けた同地域は，地域における紛争の影響とそこに生きる人々の生活を描きだすために適しているからである。このような地方農村部は，戦闘に参加していたムジャヒディン（元戦闘員）や戦闘が行われていた中で生活を営んできた農民，そして地域の長老たちが居住していた地域なのである。

もちろん，アフガニスタン国内において激戦地となった地域は他にもある。1989年，対ソ戦が終了して以降は，カンダハル，ヘルマンド，ヘラートなど，アフガニスタン南部，東部，西部の農村地域では，主要民族パシュトン系の地

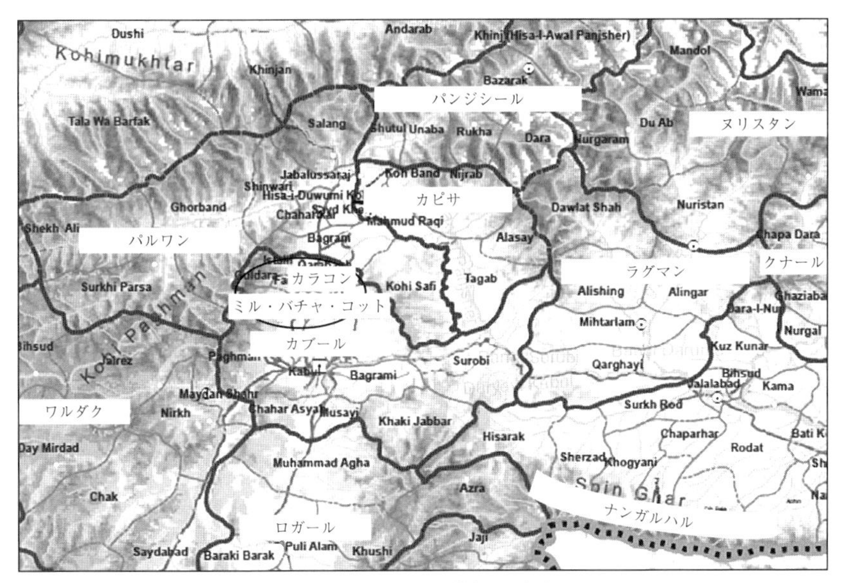

図2-6 カブール州周辺の地形

出典：AIMS 地図に依拠し筆者作成。

域であり，戦闘も主としてパシュトン系同士によって行われていた。さらに，国内第三の民族集団であるハザラ系が多く居住する中央高地部では，主としてタリバンによるハザラ系の虐殺が行われたとされるものの，戦線の一進一退という展開ではなく，ハザラ系がパシュトン系に攻め込まれた地域であった。それに対してカブール州北方郡部は，タリバンを構成するパシュトン系と，反タリバン勢力となった国内第二の民族集団であるタジク系軍閥とによる戦闘が一進一退を繰り返した。民族的相違が加わったことで，紛争の苛烈さがより鮮明になったといえる。このような歴史的背景によって，カブール州北方郡部は，紛争の影響が深く刻まれている地域と考えられる。(11)

地理的には，カブール州北方地域は「北」を意味するシャモリ（شمالی：Shamoli）と呼ばれ，ヒンドゥクシュおよびカブールを取り囲む山々に囲まれた平原地帯である（図2-6）。カブール北部のパンジシール（Panjsher）州から隣接する北西のパルワン（Parwan）州にかけてヒンドゥクシュ山脈が走り，カブールとアフガニスタン北部とを隔てている。カブールから北に攻め上る，あるいは北からカブールに攻め込む際には，ヒンドゥクシュ山脈を拠点とする勢力とはじめにシャモリ平原で対峙することになる[12]。実際，1979年12月以降の対ソ戦では，北から降りてきたソ連軍は，シャモリ平原を縦貫する幹線道路を戦闘および兵站で活用し，そのために，ムジャヒディン勢力が，シャモリ平原から幹線道路のソ連軍を頻繁に攻撃した[13]。1994年以降のタリバン戦では，南から攻め上りカブールを陥落させたタリバンは，反タリバン勢力となったタジク系を中心とする「北部同盟」系の勢力とシャモリ平原において戦闘を展開した。そして，戦闘は平原の中で移動し，戦禍の中に地域の村々は取り残される形となったのである。

そこで，紛争影響下における生活を詳細に見ていくために，本書の対象地であるカラコン郡とミル・バチャ・コット郡を概観してみる。そもそも，アフガニスタンは全34州で構成され，中央政府の下に州政府，そして郡政府が設置されている。調査対象地であるカラコン郡およびミル・バチャ・コット郡は，カブール州北方に位置する。両郡は，アフガニスタンの人口の約25〜27％を占めるとされるタジク系が中心の地域である。国勢調査は未完で終わった1979年を最後に実施されていないため，正確な人口等の統計情報は不明であるが，アフガニスタン政府統計局等によって推計されている。人口は，カラコン郡は21村1万8,192人，ミル・バチャ・コット郡は27村3万2,461人とされる[14]。

カブール州北方郡部は，1970年代までは肥沃な農耕地であり，隣接するパルワン州南部等とともに，「カブールのパン籠」ともいわれていた地域であった[15]。この地域は，首都での消費のための小麦の生産，さらに，ブドウを主とした果樹の一大産地であった。1970年代までは，アフガニスタンのドライフルーツの世界シェアは60％ほどを占めていた[16]。しかし，1970年代後半より，対ソ戦の進行とともに，同地域の村落，カレーズ[17]，葡萄園や果樹園ではソ連軍による破壊が進行した。両地域は，1979年以降，旧ソ連（現ウズベキスタン）からカブールへとつながる幹線道路に沿っていたため，ムジャヒディン等の対ソ・ゲリラによるソ連軍攻撃が頻発し，ソ連軍によって幹線道路沿いの樹木が伐採され，旧ソ連軍とムジャヒディンとの間での戦闘地域となった。

序章で示した図序－3は，アフガニスタンにおける地雷・不発弾の分布を示している。枠で囲んだカラコン郡およびミル・バチャ・コット郡には，カブールから北に通じる幹線道路（現在のアジアハイウェイ7号線（AH-7））が走っており，1970年代の内戦以前から，旧ソ連から首都カブールまでをつなぐ物流の大動脈であった。1979年の旧ソ連軍侵攻も，この幹線道路に沿って行われ，軍用車両，兵員，武器弾薬などの補給等がなされた。そのため，ムジャヒディン勢力による攻撃もこの幹線道路沿いに行われた結果，攻撃を防ごうとする旧ソ連軍によって地雷が埋設された。また，対ソ戦に続く内戦期にも，幹線道路は攻撃の際の主要な移動経路となり，幹線道路を中心としてさらに地雷が埋設された。そして幹線道路に沿った戦闘の継続は，地域に不発弾を多く残すことになった。そのためにカラコン郡およびミル・バチャ・コット郡の周辺には今でも多くの地雷・不発弾が残されている。

タリバンが1996年に首都カブール市を制圧した後は[(18)]，アフガニスタン最大の民族パシュトン人（約40％）を主体とするタリバンに抵抗するタジク民族系のラバニ元大統領，マスード元国防相側（北部同盟側）に両郡の多くの村が付いたが，タリバンとの激戦地となった。

1999年には，タリバンによって，両郡を含めカブール州北部郡部からタジク系住民が強制的に退去させられた[(19)]。タリバンによって，換金作物としての果樹は伐採のうえ，焼かれた。その際には，モスクを含む地域の家屋の多くも火をかけられ破壊されている。同時に，両郡にも多数造られていたカレーズも，内戦によってさらに多くが破壊されてしまった[(20)]。

では，1979年以降のカラコン郡やミル・バチャ・コット郡で展開された戦闘とは具体的にはどのようなものだったのだろうか。タリバンとの戦闘の様子について，両地域において戦闘に参加していたNは以下のように述べている。

> タリバンが丘の上を陣取り，それに対して自分たちムジャヒディンが下から攻め上っていった。その時には，敵も味方も銃を撃ち合い，敵が近く必死だった。自分も撃ち，敵の顔を見ることができた。戦闘が終わった時，丘の斜面一帯には敵味方の死体が転がっていた。自分たちは，敵の死体を検分し，身分証明書のようなものがあるかを探った[(21)]。

また，タジク系軍閥の兵員として戦闘に参加していたミル・バチャ・コット郡のBは，同じくタリバン戦について，以下のように語っている。

自分たちはタリバンに面して塹壕を掘り，その中に潜った。敵は銃撃や機関銃で攻撃してくる中で，自分たちは塹壕に身を伏せていた。しかし，マスード司令官は，塹壕から立ち上がり指揮を執っていた。その時，怖くなって塹壕に隠れている自分と違って，塹壕から立ち上がっていたマスード司令官の姿を見て感動した。この戦闘は，ミル・バチャ・コット郡の村で行われた戦いだった。[22]

このような戦闘は，敵と味方が郡内において，それぞれの陣営が支配する地域から，境界を挟んで展開された戦闘であった。ムジャヒディンとして戦闘に参加した者たちがいた一方で，それぞれの家では，戦闘員にならなかった農民たちや女性たちが，家に息をひそめて生活していた。対ソ戦期，そして内戦期を野戦司令官として過ごし，現在はパルワン州知事となっているサランギ知事は，内戦期の生活を以下のように語っている。

内戦中の人々の暮らしは，困難の中にあった。戦闘は，1日に1,000人が殺されるような日もあった。そのような中で，農民や村人たちは，外に出ることもできず，家にこもって生き延びていた。家庭では日常で利用するサンダルを木で，そして靴を牛の皮で作り，服は羊の毛から作った。電気もほとんどなく，学校は破壊され，女子はもちろん男子も学校に行くことすらできなかった。電話といえば，州内に地上線の電話が500ほどあるのみで，携帯電話などは一切ない。テレビを持っているのは，電気を利用できる1％程度。道路は破壊され，車が通ることもほとんどなかった。[23]

兵士や戦闘員が戦闘を展開している中，そこに取り残された村人たちは，それでも生活を続けようとしていた。戦闘から身を隠し，身近にあるものでなんとか生活を賄っていこうとしていた様子がうかがえる。このように，戦闘は兵

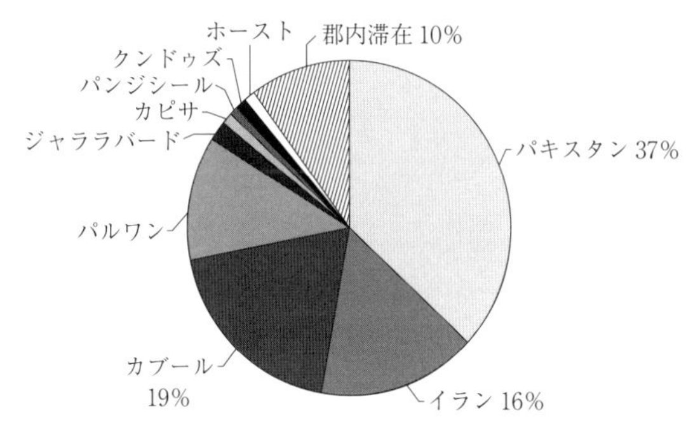

図2-7 内戦の影響（カラコン郡およびミル・バチャ・コット郡外で生活した場所）

出典：現地におけるインタビュー（2012〜2014年）。

士や戦闘員によって繰り広げられていた一方で，農村部の人々は紛争影響下の日常を営んでいたのである。

次に，戦闘員とその両親や家族が紛争期間中にどのように生活する場所を移動したかを見てみよう（図2-7)。2012〜2014年にカラコン郡およびミル・バチャ・コット郡出身の元戦闘員70人に対して実施したインタビューからは，10%（7人）がカラコン郡あるいはミル・バチャ・コット郡に留まり，90%が両郡以外で生活した経験を有していることが分かった。前掲のサランギ知事の言葉からは，戦闘の中で息を潜めて生活する人々の様子がみえた。しかし，カラコン郡およびミル・バチャ・コット郡におけるインタビューからは，戦闘が激しさを増し，村の家屋のみならず，モスクまでもが焼き払われるような状態になった時，農村部の人々が地域から逃げ出し，次の場所へと移っていったことがうかがえる。ここでも紛争の影響の大きさが確認できるといえる。

国外へ出た者は53%（パキスタン37%，イラン16%)，国内で避難した者37%のうち，首都カブールに移った者が最大の19%，残り18%のうち15%は北部同盟側支配地域であるパルワン州，カピサ州，パンジシール州，クンドゥズ州に移った経験を有していた。そしてほとんどの者が両郡から逃げ出した時期はタリバンがカブールを陥落させる前後，つまり1994年から1996年に集中していた。また，両郡に戻ってきた時期は，2001年前後である。

以上の結果からは，同地域に居住していた人々が，内戦期間中，特にタリバン戦期に大きな影響を受け，国内外に生活の拠点を移した経験を有するものの，2000年前後までには生地であるカラコン郡あるいはミル・バチャ・コット郡に戻り，そこを現在の生活の拠点としていることを示している。

2　紛争影響下における農村社会の生活

筆者は国際 NGO の駐在・代表として，2003年から2006年までアフガニスタンに滞在し，両郡の元戦闘員の社会復帰および戦争未亡人を対象にした支援事業に関わってきた。また，2012年から2014年にかけて，同地域の農民，元戦闘員，地域指導者への追跡聞き取り調査を行ってきた。以下では，両郡農民，元戦闘員，および地域指導者等に対する筆者のインタビュー等に依拠して，農村住民の生活を見てみよう。

対ソ戦期および内戦期には，カラコン郡およびミル・バチャ・コット郡の各家庭から多くの男子が戦闘に参加していた。戦闘に参加するにあたっては，既述のように各家庭の状況が勘案され，各戸において，女子や家族の面倒を見る男子が残されるように配慮がなされたとされる。従って，世帯において複数の男子がいる場合には，最低でも１人の男子が家庭に残り，家族の面倒や農地の維持・管理を行い，その他の男子は，３週間程度を山岳地帯や戦闘地帯に出て戦い，１週間程度家庭に戻り，農業や家の雑事を行ったという[(24)]。しかし，2001年以降は，戦闘に参加していた男子も村に戻り，農民としての生活を始めるか，あるいはカブールなどの都市部における労働者として収入を得るようになった。

2012年から2014年にかけて実施したインタビュー対象者70名[(25)]の平均年齢は，37歳，最年少は21歳，最年長は60歳であった。１世帯当たり平均で９人家族，最小は３人家族であり，最大は30人家族で構成されていた（表２-１）。平均年収は，約35,000アフガニー（約700 USD）であるが，年収には非常に大きな開きがある。大家族の中の若年独身者として生活している者にとっては，現金収入はそれほど緊急の必要性が無いようである。

10人家族の22歳の若者ナウィードは，季節労働者として，年間でも750アフガニー（15 USD）程度しか稼いでいない。一方，家計を担う夫として，あるい

表2-1 半構造化インタビュー対象者の世帯規模

世帯規模	5人以下	6～10人	11～15人	15人以上
該当人数 比 率	10人 14.3%	37人 52.9%	17人 24.3%	6人 8.6%

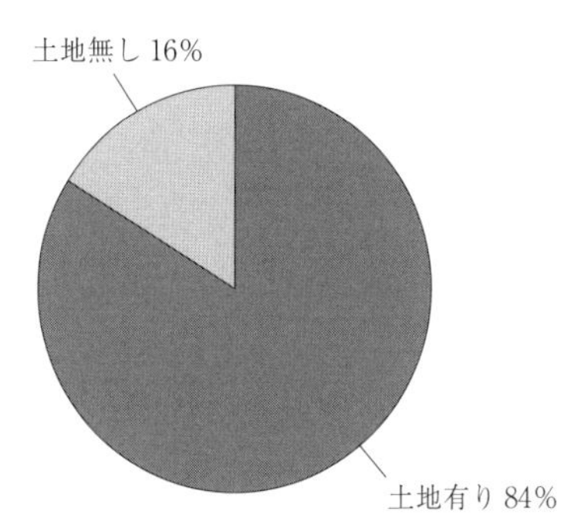

図2-8 土地所有の有無
出典：筆者による聞き取り調査に基づいて作成。

は父親，家長として生活している者にとっては，家族を養い，子供を学校に通わせ，時に両親の世話等で収入が重要になってくる。7人家族を養う元ムジャヒディンで現在は農業をしているサキ・モハマドは，大工として農地が無く賃貸の家に住んでいるが年間10万アフガニー（2,000 USD），12人家族を養うアブドル・ラーマンは，独立小農として10ジュリーブ[26]で小麦やトウモロコシから20万アフガニー（4,000 USD）を得ている。このように収入については，各人が置かれている状況によって大きく異なる。収入の基盤は，大きく分ければ，①農地，②技能（木工や金工の技術），③店舗（日用雑貨や食料品），④雇用（警察官などの政府雇用のほか，農業季節労働）の4形態であった。

そこで，農村部居住者にとって，生活に死活的な影響を持つ要素となる，土地と家屋の所有を見てみよう。今回の調査で面談した農村部居住者たちの，現在の土地所有の有無を見てみると図2-8のとおりである。

通常，農地はイスラム法に従い相続されていくため，急速に細分化されていく[27]。特に，子供の数が多いアフガニスタン地方農村部では，数世代を経ると，個人所有の農地だけでは生計を維持することができなくなる。それでも，土地無し農の場合には，家を借りたうえで，農村部での賃労働に従事せざるを得ないなど，土地が多少でもある家計に比べ厳しい条件に置かれる。イラン等とは異なり，大土地所有制が進展していなかったアフガニスタンでは，農民は独立小農が多い。カラコン郡およびミル・バチャ・コット郡でも，本調査からも明らかなように，独立小農がほとんどである。そのため，84%の農地・土地所有者は，独立小農あるいは土地再分化のため，宅地のみを所有していることになる。

今回の調査からは，カラコン郡およびミル・バチャ・コット郡に居有している農村部住民たちのうち，84%が自らの土地を所有していることが分かった。他方，16%が農地として主たる生産手段となる土地を所有していないことも分かった。土地を所有している場合の現金収入としては，収穫期に主としてブドウ等の作物を売ることによる年に1回程度の機会しかない。しかし，自家消費用の小麦や野菜なども生産しており，現金収入が必ずしも生活水準を規定していない。また，土地を所有していない場合には，農業労働者，洗剤やかみそり，お菓子などの村の日用雑貨等を扱う小売店経営，さらには窓枠や家具などを作る木工，金属農具の修理や外壁に取り付ける鉄門などを扱う金工によって収入を得ることになる。

1979年以降の紛争中でさえ，農地と農作物の維持管理のために，各家庭に男子が残されていたことは，紛争の中にあってさえ，各家族が自らが食べる農作物を育てると同時に，農地を守ることへの配慮がなされていた証左である。各軍閥が独自に発行する通貨が出回っていた時には，コムギやブドウなどは，文字通り生きるための糧となっていた。

土地所有面積で見てみると，図2-9のようになる。アフガニスタンで土地の大きさを測る際に使われている基本単位は，ジュリーブ（جریب：Jurib）である[28]。1ジュリーブは約0.2ヘクタールに相当する。図から分かるように土地所有者のうち，2.9ジュリーブ（約0.6ヘクタール）以下の土地しか持たない者が62%と，過半数を占める。カラコン郡およびミル・バチャ・コット郡の人々に聞いた限りでは，土地の広さとして，2ジュリーブ以上あれば，通常の世帯生

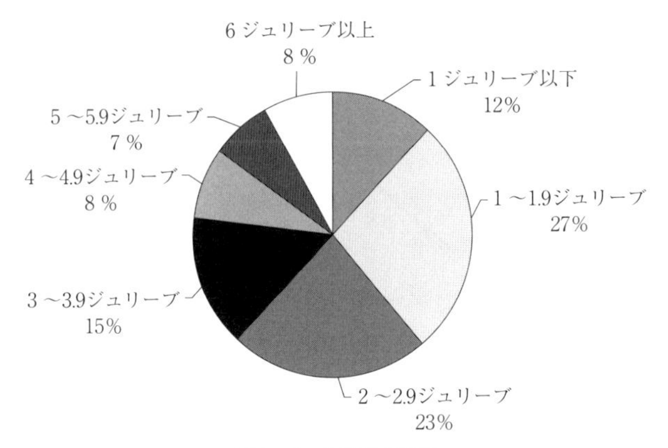

図2-9 土地所有面積

註：1ジュリーブ≒0.2ヘクタール。
出典：筆者による聞き取り調査に基づいて作成。

活を維持できるようであった。

既述のように土地の相続はイスラムと地域の慣習に従い，息子たちには均等に，娘には息子たちの2分の1が相続されていく。そのため，相続を重ねるごとに土地は急速に細分化されていくことになる。特に，子供の数が多いほうが好まれる傾向にある農村部においては，わずか数代を経ることで，父親が十分な家計を維持することができていた農地が，子供たちの間で生計を維持することが困難な面積へと細分化されてしまう。そこで農地の細分化を避けるため，兄弟姉妹の間で農地を共有し，農作業も共同で行うという手法も多く取られている。

では，土地所有に関する法的状況を見てみよう。アフガニスタンでは，1973年以前の王政期から，土地所有者に対して，所有証明書を発行してきた。これは，1973年の共和革命，そして1978年の共産革命以降も同様である。さらには，タリバン期においても土地所有証明書が発行されてきた。そのため，土地所有証明書といっても，時代によって様式が異なっている。さらに，住民間での売買証明書を以て，土地所有証明書の代わりとする場合も見られた。従って，土地所有証明書といっても，様式が統一されてはおらず，また，真偽の判別は書類だけで判断することは困難である。頻繁な政府の交代は，土地所有に関する

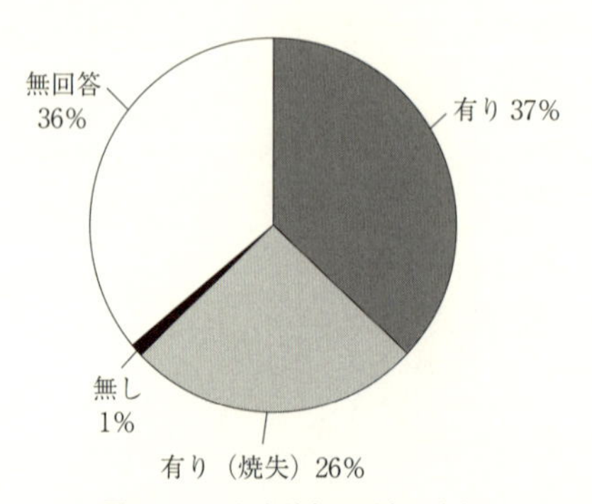

図 2－10　土地所有証明書の有無
出典：筆者による聞き取り調査に基づいて作成。

証明書にも影響を与えているのである。それでも，何らかの形で土地所有証明書を所持していることは，農村部居住者にとって大きな安心材料となっている。

土地所有者のうち，37％が現在土地所有証明書を有していた（図 2－10）。しかし同時に26％の住民たちが，内戦期に自宅を破壊された際等に，土地所有証明書を焼失，あるいは難民，避難民生活の中で消失をしてしまっている。無回答が36％と高めになっているのは，所有しているかどうかわからない，という回答者も含めていることも要因の１つである。土地所有証明書無しというものはわずか１％であった。

紛争の影響で土地所有証明書を失ってしまった場合，どのように自らの土地の所有を証明するのであろうか。筆者が，土地所有証明書を失ってしまった農村部居住者たちに問うたところ，多くが「代々ここに住んでいて，近隣の住民たちもみんな知っている」[(29)]という回答であった。

アフガニスタンでは，政府関連の汚職も深刻で，公文書の偽造もしばしばあるとされる[(30)]。特に，土地所有証明書は，多く偽造されているという。カラコン郡およびミル・バチャ・コット郡の周辺でも，偽造した土地所有証明書を持った，権力者の親族が，村の共有地を詐取するという事例もあるという。この事例を伝えてくれた住民に，個人の所有地に関して，同様の事例が起こったらどうなるのかとさらに問うてみた。すると，「書類の偽造によって，村の住民の農地を一時的に詐取することはできる。しかし，村人の誰もが，誰が本当の所

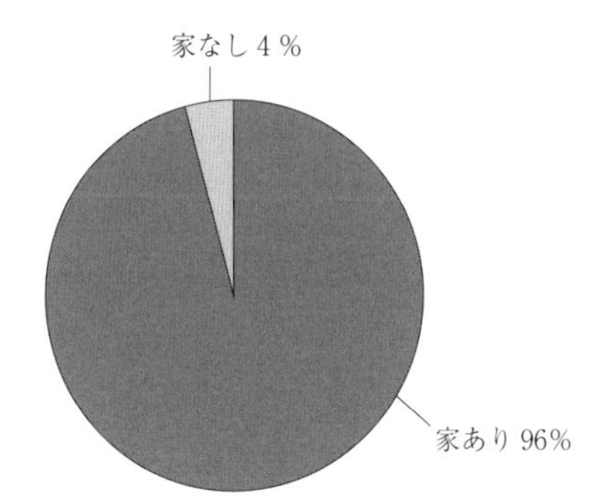

図2－11 家屋の所有状況
出典：筆者による聞き取り調査に基づいて作成。

有者か知っている。だから昼間は詐取した者が村を歩くことができるとしても，夜は誰も彼の安全を保障しない。だからやがては出て行かざるを得ない[31]」と話していた。

この発言からは，政府や時の有力者，そして証明書がどうであろうとも，自分たちの土地については，農村部住民たちが，自らの手で守っていくことができるという自負を見ることができる。特に，元ムジャヒディンであった農民たちや，地域の軍閥司令官との結びつきを考えれば，農民たち（元ムジャヒディンを含む）が自らの手で，不法な土地収奪[32]を撃退する能力があると容易に推察できる。

家屋の所有について見てみると，図2－11のようになる。両郡に居住する回答者の96％が家屋を所有している。農村部における家屋の所有は，農地の所有と並んで，生活における支出に直結する要素である。家を所有していれば，家賃を払う必要もなく，農地からの作物によって，とりあえずは生活を営んでいくことが可能となるからである。もちろん，両郡においても携帯電話の普及をはじめとして，テレビなどの生活家電も普及が急速に拡大している。そのため，携帯電話の通話料などの現金支払いの必要性は高まっている。それは同時に，現金収入の必要性を示唆しており，農業のみに依存する生活では，通年での現金支出の必要性には必ずしも応えることができないようである。しかし，家屋を所有していることが，農村部居住者の生活の安定に大きく貢献していることは確かであろう。今回の調査では，土地所有の有無に拘らず，都市生活と農村生活どちらを好むかについても聴取した。その結果は，「都市部での生活では，様々な利便を享受できるが，自分たちの村の生活の方が良い」という回答が多かった。その理由を聞いてみると，「都市部では，住居もなく，仕事もあるかどうかわからないのに家賃を払わなければいけないし，親兄弟，親戚や友人とのつながりがある村の生活は安心できる」という答えが返ってきた。仕事や家賃という経済的な側面とともに，農民たちが人とのつながりを生活の中で重視していることが読み取れる回答である。

図2－11では，家屋を所有しているとする回答が96％あったのに対して，土地所有（図2－8）に関しては，84％であった。この相違は，農地としての土地は所有していないが，自分と家族の住む家は確保できているということであった。つまり，土地が細分化され，最後に小さく相続した農地を，住居として利用しているということからくる差異であった。

2001年以降，アフガニスタンにおける人々の暮らしは大きく変わったといえる。それ以前の内戦期と比べると生活における大きな変化の一つが，テレビなどの生活家電の普及である。既述のように，内戦期には，1日に1,000人が死亡する日もあり，電気もほとんどなく，両郡に隣接するパルワン州では電話線が州内で500ほどあるのみであった。[33] 2001年11月，タリバンがカブールから撤退した当時は，カブールでの携帯電話は軍閥司令官などが衛星携帯電話を持つのみであった。しかし，地域の生活は，2001年以降，大きく変わり，その中で特に大きな変化の1つは，地域における携帯電話の普及であろう。筆者が現地調査を行った時点で，回答者の91％が保持していた（図2－12）。2003年，最初の現地調査を行った時点では，両郡の住民の中で携帯電話を所持していた者はほとんどいなかったことを考えると，大きな変化といえる。この変化は，2001年以降の地方農村部居住者の生活レベル改善の具体的な例であろう。[34]

そこで，次に農民の年間の生活を見てみよう。大多数のカラコン郡およびミル・バチャ・コット郡の住民は農民である。すでに見たように，多くの者が農地を所有しており，ブドウ，小麦などの生産を行っている。そこで，カブール州北方郡部農民の農業暦を簡単に示すと，図2－13のとおりである。

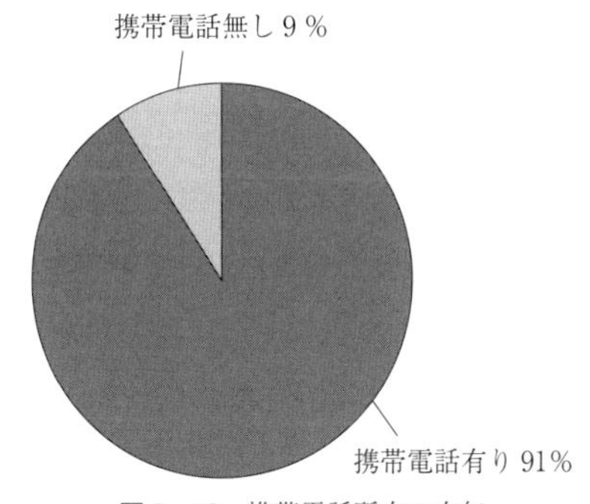

図 2 - 12 携帯電話所有の有無

出典：筆者による聞き取り調査に基づいて作成。

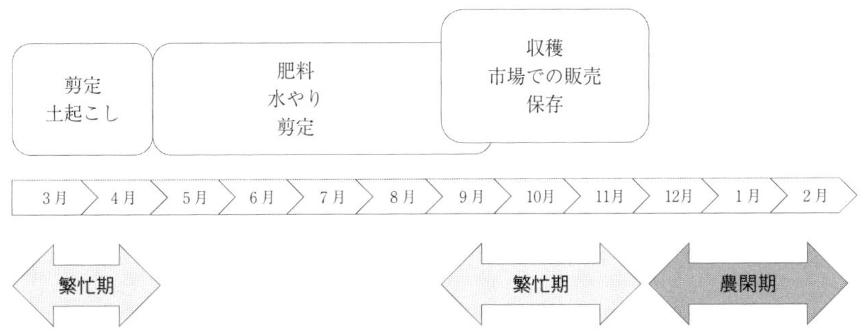

図 2 - 13 カラコン郡およびミル・バチャ・コット郡の農業暦

出典：筆者による聞き取り調査に基づいて作成。

イランやアフガニスタンでは，春分の日を，農事暦の起点としている。従って，通常３月20日頃から，農作業が開始され，最初の繁忙期を迎える[35]。水が無ければ土漠と化してしまうアフガニスタンの土地は固く，冬の間に固まった地表の耕起は，ビール（بیل：Bil）と呼ばれるスコップのみでなされ，重労働である（図 2 - 14）。農地が２ジュリーブ以上と比較的大きく，収入が見込める農民は，繁忙期には季節農業労働者を雇用する[36]。同時に，ブドウについては，剪定作業も開始される。その後，５月頃から施肥，灌漑やポンプによる農地への水遣り，そしてブドウの剪定が夏いっぱい継続する。収穫が近づく９月頃から再び繁忙期に入り，季節農業労働者の雇用もある。しかし，収穫が終わり，ブド

図2－14　アフガニスタンの主たる農具（بیل：Bil）

出典：筆者撮影。

ウなどを市場で販売した農民たちは，農閑期に入る。冬場の12月，1月および2月が農閑期にあたり，その生活は，農民たちによれば「丈の短い毛布（1年で12か月あるにも拘らず仕事があるのは9か月）」だという[37]。収穫から，十分な収入が得られなかった場合には，都市部における日雇い労働などによって，現金収入を得る者が多い。

農村部や都市部における日雇労働は，1日当たり400～500アフガニー（8～10USD）である。農村部であれば，繁忙期をはじめとして，農業労働者（خرکار：Khar-Kar）としての家の所有者に雇用され，農地を持たない者にとって現金収入を得る機会となる。村の外で日雇労働者として働く場合には，カラコン郡およびミル・バチャ・コット郡近郊の都市（パルワン州都チャリカール市など）であれば，通いの日雇労働者として，家などの建設現場の労働者として働くことになる。また，首都カブールへと日雇労働者として働きに出る場合には，親類や友人宅に寝泊まりしつつ，日雇いの仕事を探すことになる。その場合でも収入は1日500アフガニー（10ドル）程度という[38]。

ここで，全体的な聞き取り結果から離れ，現地での聞き取り調査から見える農民の姿を詳細に見てみよう[39]。今回聞き取り調査における回答者の1人（K1）[40]は，カラコン郡ジアラト・ホジャ・シャヒーブ村居住の元戦闘員（41歳）である。K1はカラコン郡内のマドラサで5年間（中学校程度）教育を受けたが，以後9年間（1985～1994年）戦闘員として11人で構成される小隊でムジャヒドとして，旧ソ連軍および親ソ政府軍と戦っていた。1992年4月にナジブラ政権が崩壊し，ムジャヒディン政権が誕生すると，村に戻り，村に対する攻撃等がある時のみ銃を取ったという[41]。その理由として，対ソ戦は「ジハード」であり，以後の戦いはアフガニスタン人同士によるものと思ったからだという。

しかし，タリバンの攻撃が激化していく1995年から1年を北部のマザリシャリフ市に避難し，翌年にはパキスタンのペシャワール市へ逃れ，2001年に戻ってきたという。当時の野戦司令官は，K1の小隊も含め総勢500名を率いていたスーフィ・ナイーム（Sufi Naim）である。ナイーム野戦司令官は，タリバン期末期にタリバン側へ付いたことから，今ではカラコン郡をはじめ地域内の人々の信望を失い，地域で何らの役職に就くこともなく，「隠居」状態となっている。

K1は，1980年に他界した父親から相続した土地1ジュリーブでブドウを中心に栽培しつつ，本業として同郡のほぼ中心部において金属加工店を，兄とともに営んでいる。収入は月約400ドル[42]。妻1人と子供5人で暮らしている。1ジュリーブという土地所有面積は，既述のように，それだけでは生活を営むには十分ではない。しかし，金属加工店を営むことで，月額400ドルを得ていることで，生活は大きく助けられているといえよう。

2001年以降は，K1とかつての軍閥関係者とのつながりは多少の程度であり，政府の役職についたかつての戦闘員たちと交流がある程度であるという。また，地域の人々はもはや軍閥組織とつながりを持っても，実生活において役に立たないと認識し始めたという。

タリバン政権が崩壊してから10年以上が過ぎ，K1の生活も大きく変わっている。2003年当時は独身で，農業以外の仕事もなく，また携帯電話も持つことができなかった当時とは異なり，現在では携帯電話を持ち，妻子を持つまでになった。戦闘員から普通の村人へと，うまく転身できた事例である。

K2は，カラコン郡イテファク村出身の35歳である。妻子は無く，母親と兄弟2人，姉妹3人，合計7人で生活している。K2は，タリバンが村に現れた

1995年から1996年にかけてはカラコン郡からさらに北方に位置するチャリカールへ一時的に逃れていた。そして1998年から２年間，タリバンとの戦いに，タジク系のマスード国防相の部隊に所属して戦闘に参加していた。現在は，当時の軍閥関係者とはつながりは無いと回答している。K2は，2005年に祖父より相続した４ジュリーブを兄弟とともに所有しブドウ等を栽培しつつ，本業は金属加工店を近郊で営んでいる。金属加工からの収入は月平均600ドル。父親は他界しているが，代々農民であった。K2も，2003年当時は農業を手伝うことしかできなかったが，K1とともに金属加工の職業訓練を受けることで，現在では金属加工店を近郊で持つまでになった。携帯電話は，K2の金属加工店への注文や問い合わせに活用している。現在は，母と兄弟姉妹を支える一家の稼ぎ手として，独身のまま，家計を支えている。

K1とK2の事例は，農地だけではなく，他に金属加工業を営むことで収入の面で補強している例と見ることができる。他方，次のK3の事例は，水が来ない自分の農地のために，農地を賃借せざるを得ない事例である。K3は，K1と同じカラコン郡ジアラト・ホジャ・シャヒーブ村出身で，年齢は42歳である。すでに両親は他界しており，２人の妻と８人の子供と暮らしている。K3も７年間（1985〜1992年）を対ソ戦で戦った元戦闘員である。戦闘員の時にはK1と同じスーフィ・ナイームの部隊の一員であった。そのため，現在でもK1とは親しい様子である。K3と当時の軍閥組織とのつながりは，友人としてのつながりがあるのみという。

農地は父親から２ジュリーブを相続した。現在の職業は，かつての父親と同じく，農民である。しかし，現在の暮らしは農業で立てているが，自らの土地に水が来ないために，他者の農地６ジュリーブを借りて生活している。農業による収入は月平均で約100ドル。これは，２ジュリーブ（0.4ヘクタール）を所有しているにも拘らず，自らの農地は水が無いために何もすることができず，他者から借り受けた農地で耕作し，賃料を支払いながら，何とか農業だけで生活を維持しているのである。

こうして見ると，元戦闘員と軍閥司令官との関係は，つながりはあるものの，K1やK2，K3のように，現在の焦点はやはり生活を維持，運営していくことに格闘している様子がうかがえる。しかし，戦闘員から職業技術を持った生産者へとうまく転身したK1やK2がいる一方，K3のように，農地への水供給が問題となり，農業からの収入が大きく制限される者がいることは，今後，地域における経済格差の拡大を予想させる。

M1の事例は，10ジュリーブという比較的大きな農地を持つ自作農の生活である。M1は，ミル・バチャ・コット郡バラーブ村在住の農民で年齢はよく分からないという[43]。しかし，対ソ戦期から18年間戦闘に従事していたということから，50歳前後であると思われる。妻1人，子供9人，義理の母親1人，合計12人で暮らしている。1979年頃より対ソ戦に参加し，以後タリバンがカブールまで来た時に，パキスタンへ避難した。当時の野戦司令官はサウド・サンギンですでに他界しており，当時の軍閥関係者とのつながりは無いと回答している。農民としての現在の月平均の収入は約130ドル，その他にブドウの収穫で年に一度400ドル程度の収入がある。農地は約30年前に10ジュリーブを相続し，ブドウを中心に野菜も栽培している。K1やK2とは異なり，M1は，農業だけで生活を営むことが可能となっている。現金収入は比較的少ないが，農地で栽培される作物を自家用に利用することで，食べるということに関する支出が少ない。やはり，10ジュリーブの農地を所有することは，大きく家計に貢献すると見ることができるだろう。

ミル・バチャ・コット郡バラーブ村に居住している農民，M2は，戦闘に参加せず，農民として生き続けてきた。一定程度の面積の土地を持ち，地域の長老となった彼の姿は，1つの典型的な農民を代表しているだろう。M2は現在60歳になり，村のシューラ（伝統的地域指導者会議）・メンバーでもある。妻1人と子供6人，合計8人で暮らしている。2人の兄弟と4人の姉妹がいるが，それぞれバラーブ村から離れて暮らしている。すでに他界している父親と同じく，農民として生計を立てており，今まで一度も戦闘に参加したことはない。また，農業の傍らで，村の人々と共同で自主的に開設した学校の用務員としても働いている。すべての収入を合わせて月平均110ドルの所得である。タリバンが村にまで迫った1996年から2001年まではカブールに避難していた。農地は1985年に相続した5ジュリーブで小麦3ジュリーブ，ブドウ2ジュリーブを栽培している。M2 は王政時代の土地登記証明書を持っていると答えていた。[44] 農地の登記証明書をしっかりと保持し，戦闘に参加することもなく，農民として生活の基盤である農地を代々守ってきたといえる。M2 は，地域において人々から信頼を得ているからこそ，小学校での用務員職を得，さらにシューラにおける長老として，村の運営にも携わることができたのであろう。

K1 や K2 らは，農業のほかに本業の金属加工店で現金収入を得ようと必死な比較的若い世代を表しているといえる。そして M1 や M2 は，比較的大きい農地を所有して農業だけで生活していく専業農家層になるだろう。K1 や K2 は，筆者が初めて会った2003年当時と比較すると，テレビや家電，家屋の修繕状況など，その暮らしぶりが少しずつではあるものの，改善していった様子がうかがえる。他方，K1 や K2 に比べると，M1 や M2 は昔ながらの専業農家として農業のみに依存しているために，生活の改善はより緩やかなようである。しかし，自らが農地を所有していても，水が来ないために小作として働かざるを得ない K3 の事例は，農村部における農地所有が，いかに生活の安定に影響を与えるかを示している。そして，K3 に象徴されるような，土地が無い，あるいは賃借せざるを得ない層は，2003年以降の生活は苦しくなる一方だということを述べていた。

また，元戦闘員たちと，軍閥司令官との関係については，元戦闘員たちが今の生活を維持，運営していくことに必死で働く一方，かつての軍閥司令官とは実質的な関係を持っていないことを示していた。地域における平和構築を居住者（内部者）の視点から見ると，生活の安定が，農村部居住者にとっての第一の優先課題であるということが見えてくるといえる。

3　実体のない平和構築とアフガニスタン農村生活の現実

本章第１節で指摘したように，国際社会は，大規模な軍事作戦を展開し，米国をはじめとした各国国際部隊の将兵の血を以てしても，平和を作り出そうとしている。そして，国際部隊将兵の戦死報道は，米国をはじめとする主要先進国のニュースメディアによって報道され，また，兵士の遺体が帰国した時には，各国において葬列のパレードが実施される。こうして，「紛争国」アフガニスタンというイメージが再生産，強化されていく。しかし，既述のように，アフガニスタン国内において戦闘が行われている地域の分布は異なっており，国土全土で戦闘が行われているわけではない。カラコン郡およびミル・バチャ・コット郡が属するカブール州でも治安事件は発生しているが，その多くが，首都カブールにおける国際部隊や政府機関に対する攻撃である[45]。従って，2001年以降のカブール州内の農村部は，内戦期間中のように，毎日が攻撃にさらされているわけではない。

民生支援についても，政府開発援助を通じて，国家制度としての民主的政府，法の支配，ガバナンスの改善を支援している。さらに国民の基本的ニーズに合致するような支援として，学校建設や病院建設，道路建設も行っている。このような軍事，民生の両面からの国際社会の具体的支援は，ルンメルが有効性を指摘する民主主義国家の平和的指向[46]，パリスが主張するリベラル・ピース[47]の議論に沿った取り組みと見ることもできる。

本章前節において，アフガニスタン・カブール州北部に位置する2つの農村部を事例として，その生活を詳細に見てきた。そこから見えてきた地方に生活する農民たちの生活からは，2001年以前の紛争で破壊された農地を再生し，農業に依存しながら生活を立てていこうとする姿であった。農地の無い者は，季節農業労働者として，そして農閑期には都市部への日雇労働者としてでも現金収入を得ようとしている農民たちの姿である。2001年以降の農民たちの生活改善は，携帯電話を持つまでに至ったことに端的に表れている。このような農民たちの生活の様子を見た時に，「実体のない平和」というリッチモンドの指摘が想起される。第1章で見たように，リッチモンドは，平和構築の実際が，国際社会という外部から「紛争地」を見ている者にのみ見えるものになっていると指摘していた[48]。2001年以降の時間の中で生きている農民たちにとって，平和構築とは，生活の再建と維持，改善だったのである。

生活を営んでいこうとする農民たちの様子を端的に示しているのが，彼らにとっての生活上の重要な問題とは何かという質問に対する回答であろう（図2-15）。聞き取り調査から明らかになったのは，現在，両郡の農民が直面して

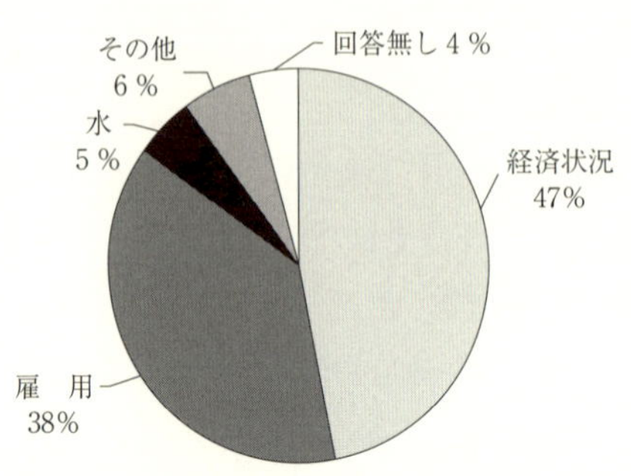

図 2-15　カラコン郡およびミル・バチャ・コット郡居住者にとっての最大の課題

出典：筆者による聞き取り調査に基づいて作成。

いる主要な問題は，次の3つであった。つまり，①経済状況（47％），②仕事（38％），そして③水（5％），である。

カラコン郡およびミル・バチャ・コット郡居住者にとって，最も大きな問題として挙げられていた①経済状況は，家屋の所有，農地の所有によって大きく異なる。代々両郡に居住していても，土地の相続によって農地が細分化されていき，最終的には相続した農地に家を建てて農地が無くなり，季節農業労働者あるいは日雇労働者にならざるを得ない。さらには，親族の病気等の経済的理由等によって農地と家屋を売却してしまった者もいた。戦闘の結果，家屋が破壊され，修復できなかった場合などは，現在も住居を賃借，あるいは親族等から無償で借り受けている。このように住居や土地が無い場合には，農地からの農作物に依存して生活することができず，現金収入が家計に直結することになる。生活を維持できる経済状況かどうか，ということが，人々の一番の関心なのである。

経済状況に次いで大きな問題という回答が多かったのが，②雇用である。雇用の有無は，家計への現金収入に直結する。農民たちが生活を営んでいく際に，職業としての農業では，冬季3か月がほぼ無職となってしまい，結果として経済的機会および収入が失われているとする回答が農民から多く寄せられた。農民たちの所有する住居の多くは，内戦中，特にタリバン期において家屋が破壊されていた。農地についても，水を供給するカレーズが破壊され水の供給ができず，結果として農地として機能しなくなってしまった土地もある。そのような場合には，農地を所有しているにも拘らず，季節農業労働者や出稼ぎ労働者として収入を得るほかなくなってしまっている。平均9人の大家族であるため，世帯の中で誰かが現金収入を得ていくことが，農業収入を補完する意味で重要であると考えられる。

③水については，イラン，アフガニスタン等では，「農地」は水があれば農地となり，水がなければ経済生産活動に利用できない土漠となってしまうという地理的特性から，希少資源としての水の有無は農民にとって死活的な意味を有する。しかし，近年では，カレーズの利用から次第にポンプによる地下水くみ上げを利用した灌漑が主流になっているようである。そのため，ポンプを動かすための燃料と，エンジンオイルを購入する現金が必要となっている。その意味でも，現金収入のもととなる雇用が大きな関心事項となっていると考えられる。

生活の中で最も大きな問題として，農村部居住者が挙げている，経済状況，雇用，そして水，のいずれもが，平和構築の議論の主流である，民主化や国家制度の整備とは関係の無いものとなっている。ここに，農民たちから見た平和構築とは，生活をめぐる問題への対処であることが分かる。既存の平和構築に関する議論の中で，国際社会が焦点を当てる民主主義国家の建設は，農民たちにとって「実体のない」平和構築となってしまっているのである。

註

(1) ANA および ANP 等を含めて ANSF（Afghanistan National Security Forces）と称される。

(2) iCasualities, 'Operation Enduring Freedom,' 〈http://icasualties.org/OEF/Nationality.aspx〉（最終アクセス：2015年10月11日）.

(3) 'Afghanistan is still a war zone,' Remarks by Rear Admiral Kirby, Pentagon Spokesperson, August 5, 2014. Cited in New York Times, 'U.S. General Is Killed in Attack at Afghan Base; Others Injured,' *New York Times*, August 5, 2014.

(4) Brookings, 'Afghanistan Index,' 〈http://www.brookings.edu/about/programs/foreign-policy/afghanistan-index〉（最終アクセス：2015年8月4日）; SIGAR (Special Inspector General for Afghanistan Reconstruction, United States of America,

〈http://www.sigar.mil/quarterlyreports/index.aspx?SSR=6〉(最終アクセス：2015年8月4日)；UNAMA, *Reports on the protection of civilians*, 〈https://unama.unmissions.org/Default.aspx?tabid=13941&language=en-US〉(最終アクセス：2015年8月4日). なお図2-1における2015年統計データは，6月まで。

(5) Brookings, *ibid.* 図2-2における国軍，国家警察の人員数は，各年末時点の規模。ANSF の戦死者数は，通年累積。

(6) iCasualities, 'Operation Enduring Freedom,' 〈http://icasualties.org/OEF/index.aspx〉(2015年8月4日最終アクセス). なお，図2-3では，2010年をピークとして戦死者が減少しているが，これは，ISAF のアフガニスタンからの撤退と軌を一にしている。

(7) Brookings, *op. cit.*,；NATO, 'NATO and Afghanistan；ISAF Placemats Archives,' 〈http://www.nato.int/cps/en/natolive/107995.htm〉(最終アクセス：2015年8月4日).

(8) Brookings, *ibid.*

(9) iCasualities および NATO。なお，戦死者数の地域分布については，3,490人の戦死者のうち，iCasualities で把握できた3,118人分である。

(10) カブール州北方における戦闘の激しさについては，Coburn による記述が詳しい。Coburn, Noah, *Bazaar Politics：Power and Pottery in An Afghan Market Town*, Stanford, California：Stanford University Press, 2011, pp. 13-16.

(11) アフガニスタン北部においても，北上したタリバン勢力と，タジク，ハザラ，ウズベク系を中心とする反タリバン勢力による戦闘が激しく展開された。しかし，本書においては，アフガニスタン北部における現地調査の困難と国内移動の治安上のリスクもあり，北部については，調査対象から除外した。

(12) シャモリ平原での戦闘では，対ソ戦，それに続く内戦期およびタリバン期において行われたが，ラバニ・マスードを中心とするイスラム協会(Jamiat-e Islami)，その後の北部同盟勢力は，劣勢になると平原からパンジシール等をはじめとする山岳地帯へと後退し，戦闘も山岳へと移動していった。

(13) シャモリ平原を縦貫する幹線道路は，近隣農村が点在しており，樹木も多かったため，その陰からソ連軍は攻撃を受けることが多かった。そこで，ソ連軍は，カブールの東側の土漠地帯に新たな幹線道路を建設し，ソ連との国境につながる代替路とした。

(14) Islamic Republic of Afghanistan, *Sub-National Governance Policy*, Independent Directorate of Local Governance (IDLG), Kabul：Afghanistan, 2010, p. 400. アフガニスタンにおいて最後に行われた国勢調査は1979年であり，以後全国的な統計は実施されていないため，CSO や IDLG が提示する統計数値も推計に基づいており，あくまでも目安として理解すべきであろう。

(15) アフガニスタン北部諸州（旧カタガン州，現在のタハール，クンドゥズ，バルフ州。並びにジョーズジャン，ファリャーブ，バグランの各州など）をカンドゥ・エ・アフガニスタン（アフガニスタンの穀壺）と呼ぶこともある。

(16) FAO, *Afghanistan : Survey of the Horticulture Sector 2003*, Rome : Food and Agriculture Organization of the United Nations, 2004.

(17) カレーズ（کاریز：Karez）は暗渠の一種の地下水路。カナートとも呼ばれる。イランが起源とされ，アケメネス朝（BC 558～330）時代にその存在がすでに記されており，現在までに東は中国の新疆から西の北アフリカ，モロッコまで分布しているという。福田仁志，『世界の潅漑：比較農業水利論』，東京：東京大学出版会，1974年，301～302ページ。カレーズの建設方法等については，以下が写真や図を用いて詳述しており，参考になる。ヴルフ，ハンス E.；原隆一［ほか］訳，『ペルシアの伝統技術――風土・歴史・職人』，東京：平凡社，2001年，253～260ページ。また，Encyclopædia Iranica にも建設方法，経済社会的役割，現代における利用について図も含めた詳細な記述があり，イラン，アフガニスタンにおける農業でカレーズが果たす重要性を見て取ることができる。Yarshater, Ehsan, ed., *Encyclopædia Iranica*, New York : Encyclopædia Iranica Foundation, 2011, pp. 564-583.

(18) 王政から共和制，共産政権，そして内戦期を通じた警察の在り様については，Giustozzi, Antonio, and Mohammad Isaqzadeh, *Afghanistan's Paramilitary Policing in Context*, Afghanistan Analysts Network, Kabul : Afghanistan, 2011 が詳細にまとめている。特に pp. 6-12.

(19) 1990年代より国連，HRW 報告等によって指摘されている。UNOCHA, *News Release*, UNOCHA, August 14, 1999.

(20) カレーズは，例えばカラコン郡では，内戦前までは郡内に 108 あったが，対ソ戦および内戦期にほとんどが破壊され，2003年の段階で残存していたカレーズはわずか3つであった（筆者による現地聞き取り調査）。

(21) Nは，敵の死体から発見した身分証明書は，パキスタンのものであり，敵として戦った相手がパキスタン人であったと語っている。それは，戦闘中に聞こえた，ウルドゥ語からも分かったという。2013年5月24日インタビュー。

(22) Bは，10代の頃より，ムジャヒディン政権期の国防相となったアーマド・シャー・マスードの部隊で戦っていた。現在は村の若手実業家となっている。2005年4月2日。

(23) バシール・サランギ州知事とのインタビュー。2014年2月17日。なお，本インタビューに関しては JICA アフガニスタン事務所に多大な協力を得た。ここに感謝を申し上げる。

(24) 筆者による聞き取り調査。

(25) 半構造化インタビュー対象者70人の代表性については，留意する必要がある。これら70名は，調査対象地から選ばれているものの，女性が入っていないこと，そして，地域を完全に網羅する規模にまで現地調査ができなかったことから，完全に地域を代表しているとはいえない。しかし，地域の実態の一面を捕捉するという目的には沿うことができたといえるだろう。

(26) 約2ヘクタール。

(27) 父親の所有する農地を男子と女子，そして妻で分配する。妻が土地の1/2，残りの1/2を男子と女子（女子は男子の1/2）で分け合うことになる。そのため，農地は急速に細分化されていく。なお，アフガニスタンとはおなじペルシア語圏として言語的にも意思疎通ができるイランでは，土地相続に関して，土地相続制限法を設定し，土地の細分化を防いでいる。イラン土地再分化阻止法，1385年12月13日可決，同1386年1月6日施行。

(28) アフガニスタンにおける基本的な土地測量単位は，ジュリーブ（jurib）であり，1ジュリーブは，約0.2ヘクタール。66ジュリーブで1ラサット（rassat），約13.2ヘクタール。6ラサットで1パイカル（pailak），79.2ヘクタールとなる。しかし，ラサット以上の土地所有は，カラコン郡およびミル・バチャ・コット郡では非常に少数であった。

(29) 筆者による聞き取り。2013年。

(30) Pajhwok Afghan News, 'Crackdown on Land-Grabbers Launched in Logar,' *Pajhwok Afghan News*, September 25, 2015.

(31) 筆者による聞き取り。2013年。

(32) 土地の収奪については，都市部を中心に2001年以降も散見されている。例えば，Pajhwok Afghan News, 'State Land Recovered from Ex-VP's Brother,' *Pajhwok Afghan News*, October 23, 2014. しかし，土地の収奪は，主として国家所有地，あるいは，農村共有地などが多く，個別の農地を強奪するような事例はあまり報道されていない。これは，国有地としての土漠地帯や，農村共有地などが，比較的面積が大きく，開発することで手にすることができる利益が大きいことが1つの要因であろう。さらに，国有地や農村共有地については，土地の所有権に関して，個別の農地に比べて曖昧であることも，このような土地収奪を生む背景にあると考えられる。

(33) バシール・サランギ・パルワン州知事へのインタビュー。2014年2月17日。

(34) もちろん，難民などに見られるように，家計が苦しくとも，まず携帯電話を入手するような状況も想定される。しかし，今回の調査対象地では，携帯電話は定住地における日常的な通信に利用されており，「生存のため」というよりも「生活改善のため」という色合いが強い。その意味で，生活改善の一つの例と見ることができるだろう。

(35) 学校の新年度開始も春分の日からである。イランおよびアフガニスタンでは，春分の日を「新しい日（نوروز：Nouruz）」と呼んで祝う習慣がある。

(36) 農業労働者は，日給となっており，1日当たり400～500アフガニー（8～10USD）で，朝食と昼食が雇用主から提供される。通常，食事は農家の女性たちが準備する。

(37) 筆者による聞き取り。

(38) 筆者による聞き取り。

(39) 林裕，「アフガニスタン農村における現状と意思決定構造」『東洋研究』，第185号，大東文化大学東洋研究所，103～120ページ。

(40) 調査対象者一覧については，参考資料Ⅲを参照。

(41) 戦闘員として活動していた際には，通常数週間は山を拠点に戦闘を行い，その後数週間程度村に戻り，また山に戻り戦闘というサイクルで戦っていたという。

(42) K1以下の「兼業」農家の者すべてに当てはまるが，ブドウを中心にした農業の収入は，年に1回しかないため，ほとんど当てにしてないと回答していた。特に，2001年以降，ブドウの卸売価格が下落してあまり儲からないという。また調査にあたっては，回答はアフガニスタン現地通貨であるアフガニーで回答を得ているが，本書においては考察の利便性を考え，50アフガニーを1ドルとして換算した。

(43) K1やK3，M1の年齢と戦歴を突き合わせると，戦闘に参加した時点での年齢が非常に若くなってしまう。出生届などが無い中で，自らの年齢について正確に把握していないのと同時に，戦闘に参加した正確な年号の記憶が定かではないかと思われる。この点を回答者たちに突き詰めると，細かい年号について，記憶が曖昧になっていた。

(44) M2によれば，村の中の農地については，誰もが正当な所有者を知っているため，土地争いは発生することはほとんど無いという。実際，他の調査対象者たちからも，土地争いについては，同様の回答を得ている。

(45) 反政府武装勢力による首都駐留の国際部隊への攻撃，あるいは政府機関や米国大使館への攻撃などは，欧米など主要報道機関が英語で報道することで，「紛争国」というイメージがさらに強化される。また，反政府武装勢力も，象徴的な攻撃を実施することで，メディアの関心を引くという戦術を取っているといえる。治安事件を報じる国際メディアに影響を受けて，ある国を「紛争国」というイメージで認識することは，政府の権威を貶めることを意図する反政府武装勢力の狙いどおりに，私たちが反応してしまうことにつながることがあるのである。

(46) Rummel, Rudolph Joseph, *Power Kills : Democracy as a Method of Nonviolence*, New Brunswick, N. J. ; London : Transaction, 2002.

(47) Paris, Roland, *At War's End : Building Peace after Civil Conflict*, Cambridge : Cambridge University Press, 2004.

(48) Richmond, Oliver, *Peace in International Relations*, N. Y. : Routledge, 2008, p. 112.

第3章
紛争影響下の農村社会
――シューラによる「地方の自己統治」――

1　自己統治機構「シューラ」

前章においては，カブール州北方のカラコン郡およびミル・バチャ・コット郡の農村部における人々の生活を見た。そこで，本章では，個別の農民たちの生活を地域としてまとめ，そして地域全体に関わる決定を行う地域社会に注目する。具体的には，両郡における地域の自己統治機構「シューラ」[(1)]を詳細に見てみよう。

その際に，「自己統治」という視点から，両郡を考察する。政治は，希少価値の権威的配分[(2)]と定義することが可能だが，農村部で行われる自己統治は，そのような政治を行い，住民自らが主体となって地域を統治する行為であることを明らかにする。

アフガニスタン農村部という，紛争の影響の中で，経済状況や生活状況が非常に厳しい空間において，地域で行われる様々な決定は，雇用や水，生活インフラなど，貴重な資源を地域社会全体に裨益させるためにその配分が行われなければいけない。

そして地域における決定と配分を担うのが，シューラである。シューラとは，アフガニスタンにおける伝統的な地域自己統治機構である。公的な行政機構に属しておらず，あくまでも地域住民による自発的組織であり，行政の一翼を担う公的機関ではない。しかし，シューラは，アフガニスタン中央政府が，革命や政変によって頻繁に変わる中でも，地域に根付いて運営され続けてきた伝統的な地域の自己統治機構である。

そこで本章では，国が紛争の影響下にあっても，地域に根付いたインフォーマルな自己統治機構が，地域に根付いて機能している姿を描き出す。中央政府や国家がいかなる形であろうとも，地域におけるインフォーマルな自己統治機構が農村部の問題を地域として取り組んでいる姿を通して，フォーマルな政治システムではない，インフォーマルでローカルなガバナンスの営みを明らかにする。

このような地域に根付いたインフォーマルな地域の自己統治機構「シューラ」がある一方で，アフガニスタンの国家は，「破壊された国」と表現され，「アフガニスタンは完全に破壊された国であった」と括られてしまっている。[(3)] 確かに，1979年から11年間続く対ソ戦，そしてソ連軍が撤退する1989年以後の13年間の内戦によって，国家が国民に果たすべき行政機能が大きく低下した。また，国内の道路や水道，保健衛生などの生活基盤も崩壊していった。幹線道路は戦闘の中で破壊され，舗装されていた路面は，穴だらけとなった。主要都市部では，整備されていた上下水道の多くが機能を停止し，人々の主要な上水源は各自やモスクの井戸となった。さらに農村部においても，上水道の機能を果たしていた灌漑設備やカレーズの多くが破壊されていった。

2001年タリバン政権が米軍を中心とする各国軍およびアフガニスタンにおいてタリバンに対抗していた北部同盟によって倒された時，「崩壊した国家」アフガニスタンにおける平和構築の取り組みが開始される。平和構築における既存の研究の文脈からは，リベラル・ピースの議論に従った国家建設の開始である。その具体的政策は，国家制度の再建と市場経済と民主主義的政治体制の確立であった。

第２章で検討したように，ルンメルやパリスらのリベラル・ピースの議論に従えば，平和構築において重視されることは，紛争後の国において，民主主義に基づいた政治体制を作ることであった。パリスが具体的に指摘する民主主義的政治システムは，憲法による政府権力行使の制限，市民的自由の尊重，言論，集会，良心の自由の確立である。[(4)] 国際社会が重要と考える国民の権利を明記した憲法の起草と発布，[(5)] それに基づいた無記名秘密投票に基づいた選挙の実施，[(6)] 国会の再開，[(7)] 政府行政機構の整備と能力強化，法の支配のための司法システムの再建などが，アフガニスタンにおいても実際に展開されることになった。

憲法制定，それに基づく選挙の実施，そして民主的に選ばれた代表による政治は，まさしくリベラル・ピースの議論に沿った展開といえる。このようなリベラル・ピースの議論と，それに基づいた平和構築の実践が前提としていることは，「民主的手続きに沿った政治」という概念の当然視である。しかし，民主主義的手続きとは，英語を中心とした研究蓄積や，国際社会が考える政治システムのみが該当するのだろうか。政治学における議論でも，政治体制の多様性は，広く認められるところである。しかし，「民主主義的手続き」とは，あくまでも無記名秘密投票であり，それによって選出された代表による「民主的政治」が，政治体制の多様性の中にあっても共通する要素として理解される。投票という手続きを経て選ばれた人々の代表が，公的な議会，フォーマルな国家機構において政治を行う，ということが当然視される。アレントが指摘する「近代の公的空間」において，社会的問題を議論する場が，こうして立ち上げられるのである[(8)]。だからこそ，平和構築においてはリベラル・ピースの議論を中心として，画一的なパッケージとしての民主的手続きに沿った政治システムの確立が打ち出される[(9)]。国際社会は，アフガニスタンを，しっかりした国家，強力な法の支配，そして民主的な説明責任を持った国にしようとしてきたのである[(10)]。

しかし，既存の政治学や国際社会が考える民主主義的手続きは，画一的なものではなく，本来，各国やそれぞれの文化や伝統に根付いた多様な姿がある。投票による選挙の本来の意義は，民意を定期的に政治に反映することが目的であろう。そうだとすると，人々の意見や考えを代表に託す「方法」として，投票による代表選出が，人々の声を政治に反映させる唯一の方法とはいえないだろう。なぜなら，代表を選出する方法は，投票のみではないからである。

ここに，アフガニスタン地方農村部における地域の自己統治機構シューラが持つ可能性があると考えられる。シューラは，一般的な「民主主義的手続き」に従って選ばれたものではない。後述するように，シューラは地域住民による「話し合い」で選び出されるからである。また，シューラは，フォーマルな国家機構でもない。このようなシューラが，国家機構が機能しなくなっていった内戦時代を通じても，地域における意思決定を行ってきたのである。その意味するところは，民主的政治体制の多様性である。特に，憲法，選挙とそれを経た代議制による政治，という画一化は，各国や各地域の文脈を詳細に見た時に，代替する選択肢があることを示している。外部者が，平和構築という取り組みを考える時，そこには先入観として暗黙に既存の価値観が入り込んでしまっているのである。

外部者が先進国的「民主主義」概念に基づいて，平和構築の実践として，「民主的」手続きに沿った地方政治制度を作り出す時，そこには既存の地域社会が持つ自己統治機構とパラレルな，しかし表面的な民主的制度が作られてしまうことになる。選挙を経た議会を地域に作り出すことは，時に，地域に根付いていた自己統治機構のほかに，「議会」という，もう1つ別の統治機構ができてしまうことになるのである。

以上のような視点を持った時，国家機構の崩壊は，地域に根付いたインフォーマルな自己統治機構の崩壊ではないことが明らかになる。既存の研究においても，具体的なアフガニスタンの農村社会の実態について，明らかにする試みがなされてきている。

カカーは，内戦中における聞き取り調査に基づいて，地方部の伝統的指導者層が農村部の野戦司令官として台頭していった様子を早くから指摘していた。[11]また，サイカルは，アフガニスタンの地方社会の独立性と弱い中央政府の関係性，という特徴を歴史的観点から指摘している。[12]具体的には，ほぼ自立的な極小社会（micro society）が地域に存在し，これら極小社会を，中央政府と結び付けることで，中央政府の権力基盤が確立されていったとする。

また，2001年以降においても，地方農村社会自らが治安と司法の機能を有効に果たしていることを，タリクは指摘している。[13]タリクの考察は，アフガニスタン南部というパシュトン地域に焦点を当てている。パシュトン地域における，非常に強固に結びついたパシュトン部族社会が武装員を擁し，シューラに相当するジルガの決定を履行・強制させ，部族に対する外部からの攻撃に対して反撃する機構を描き出した。さらに，アフガニスタンのフォーマル・ガバナンスとインフォーマル・ガバナンスに着目した考察もなされている。[14]司法制度と国家建設という視点から，ジストージは，「国家」と「社会」そして「タリバン」それぞれがアフガニスタンの社会の中で存在感を持っているものの，人々は，身近にあるシューラを地域における紛争解決主体と認識する傾向を指摘している。[15]

しかし，これらの既存研究においては，地域社会が地方の安定において果たし得る積極的な役割については十分に考察していない。平和構築という文脈で地方の安定を考えた時，地域に根付いた農村の自己統治は，再建中の政府機能を補完し得るものとなるのである。

平和構築を考える時に，既存の議論における民主的政治システムの確立や市場経済の導入について，その意義と役割を否定するものではない。しかし，民主的政治システムといった時に，「誰にとって」民主的と考えられる政治制度を想定するかということは，一度立ち止まって考える必要があるだろう。本書でも，平和構築に関する既存の研究，特にリベラル・ピースの議論における民主的政治体制の確立の重要性に賛同する。本書が指摘することは，民主的政治体制の導入を安易に捉えるのではなく，地域に存在する「別の形」の民主的自己統治体制があることを詳細に見ていく必要性である。従って，アフガニスタンの国家建設，特に，民主的政治体制の確立を議論する時，そこには，単純な民主的政治体制の「移植」が想定されるべきではない。だからこそ，リッチモンドがリベラル・ピースを批判する視点から，平和構築がなされる地の「文脈」の重要性を指摘していると考えられる。リッチモンドは，「政策主導」，「エリート主導」，「外部主導」ではない，「文脈主導」を指摘するのである。[16]そのためには，まず対象地を詳細に見ていくことから，地域が持つ文脈が明らかになっていくのである。

本書において，農村社会，具体的には，農村社会の意思決定機構を見ていくこと，そして，農村社会を構成する農民や元戦闘員たちの農村社会の意思決定機構への認識を明らかにすることは，国民の8割近くが居住する農村社会の実態と文脈を明らかにすることになる。アフガニスタン地方農村社会の実態理解なくしては，アフガニスタンの国家と農村社会の関係性を考察することもできないだろう。

次節では，社会的領域としてのアフガニスタン農村社会の意思決定機構がどのようになっているかを，具体的事例に基づいて明らかにする。希少価値を配分するシステムとしての政治は，フォーマルな国家機関だけで行われるわけではなく，インフォーマルな場においても行われていることを示すことで，紛争影響下の地域社会が営んでいる政治を浮かび上がらせる。

ここで，「社会的領域」という言葉を使った。既存の市民社会論は，マルクスによる市民社会論，そしてその後に続く大衆社会論へと発展していった。それらはあくまでも先進国における都市あるいは大衆社会を考察の対象としたものであり，農民社会，かつ未だ工業化，大衆社会化が進んでいないアフガニスタンにおける考察には必ずしも完全に適していないだろう。しかし，そこで提起された「市民社会」という概念は，アフガニスタンにおける地方農村の村社会を考察する際の手掛かりは提供している。つまり，市民社会概念の定義として「国家および市場から相対的に独立した市民――bourgeois というよりは citoyen――の『公的領域』」[17]という指摘は，アフガニスタンの農村においても当てはまる。換言すれば，中央政府および資本主義的市場経済から相対的に独立した農民たち[18]が構成する公的領域が農村社会であると考えることも可能である。

しかし，農村社会において，農民たちが，自らの私的問題であっても，それを農村社会の意思決定機構に持ち込むことで解決を図るという実態と照らせば，農村社会，特にその意思決定機構とは，公的領域であると同時に，私的問題をも解決する領域であることが指摘できる。この点において，公的領域と私的領域が結合した空間としての「社会」というアレントの指摘は，アフガニスタンの農村社会を特徴づける際には，大きな示唆を与える視点である[19]。この意味において，本書では，アフガニスタンの地域における自己統治機構シューラを，「社会的領域」における意思決定機構と見る。

アフガニスタンにおける国家と地域社会の関係を，ガバナンスとガバメント（政府）という視点から考えてみよう。この点に関し，バーフィールドとノジュミは以下のように述べている。

> ガバナンスとは，社会的秩序と安全を維持するために共同体が自らを規律する方法である。ガバメントとは統治のための行動であり，国家が統治する人々に対する国家権威の継続的行使である。先進国におけるガバメントが，疑う余地もなく地域社会に対するガバナンスの提供者であるのに対し，アフガニスタンにおいてはこれは歴史的に該当しない。ここ（筆者注：アフガニスタン）においては，フォーマルな政府機関の不在の中で，十分なローカル・ガバナンスを見つけることができる。実際，人口の大多数が居住するアフガニスタン地方部においては，これは例外というよりも，規範であり続けたのである。……アフガニスタンにおいて成功した政治体制は，この現実を認識し，非常に大きなインフォーマルな意思決定権を地域社会へ移譲してきた。そして地域に地域の問題を自ら解決させることで，国家が介入する必要性がなくなる。見返りに，地域社会はアフガニスタンの国家主権を認め，その正統性に挑戦をしなかったのである。[20]

このようなバーフィールドとノジュミの指摘は，サイカルのいう極小社会を取りまとめることで権力基盤を作り出す中央政府という視点に通じるものがある。アフガニスタン地方部に散在する地域社会は，タリクが描き出したようなパシュトン部族社会もあれば，また，他の民族，つまり，タジク系やハザラ系による地域社会でもあり得る。パシュトン部族社会のような強い氏族[21]の結びつきに基づいた地域社会がある一方で，タジク系やハザラ系の地域社会は，氏族的結びつきも重視するが，より緩やかであり，氏族よりも居住している地域社会を一つの単位とする。こうして形成される地域社会は，シューラやジルガを通して地域の問題を解決していくのである。

では，カブール州カラコン郡およびミル・バチャ・コット郡における地域の自己統治機構シューラの働きを見てみよう。筆者は，2003年から2014年にかけて，断続的にカブール州カラコン郡およびミル・バチャ・コット郡内の村に居住する，農民および元戦闘員に対して調査を行ってきた。そして2012年から2014年に行った半構造化インタビューでは，以下が明らかになった。つまり，農村社会における意思決定機構としてのシューラは，生活に関する事項から，共同体としての村の政治的立場の決定まで，公的領域と私的領域が結合した社会的領域として機能しているということであった。

> シューラは，自分たちの身近にあり，政府よりも信頼できる。政府は汚職をするが，シューラは汚職をすることができない。なぜなら，シューラを構成するメンバーが，村人を不平等に扱った場合や，不公平な裁定を行った場合には，住民がシューラ・メンバーに対して異議申し立てをいつでもできるからである。異議申し立てをした場合には，シューラにおいて議論される。そこでも真偽がはっきりしなければ，該当するシューラ・メンバーの再選を，村人たちの参加によって実施することができるからである。[22]

この指摘からは，村人のシューラに対する信頼を見て取ることができるだろう。シューラは，フォーマルな行政機構としての国家権威は持っていない。しかし，住民からの支持と信頼という基盤によって，決定の正統性を担保しているのである。ガバメントではないシューラは，後述するように，先進国や国際社会が想定する，男女平等の無記名投票による民主的な選挙を経てはいない。しかし，この村人の指摘からは，国際社会が想定する民主的選挙という，数年に1回しか選挙が実施されないシステムとは違い，いつでも人々に再選の手続きが開かれているシステムである。また，その決定は，地域社会であるからこそ，村人たちの目に見えるところで議論と決定がなされ，さらに，その決定は行政機構の煩雑さとは異なり，迅速である。このように見た時，国際社会が平和構築において導入しようとする「民主的な政府」は，その本来の意味に照らして本当に民主的なのだろうかという思いを抱く。民主的な政府による政治が，汚職に深く沈んでいる中で，農村地方において，国際社会のいう民主的政治機構ではない，インフォーマルな地域の自己統治機構が，別の形の民主主義的政治を行っているからである。

農村における土地の境界線や水利権の問題，あるいは家族間の争いなどの私的領域における争いごとから，内戦期間中にいずれの武装勢力に恭順するかといった公的事項まで，社会的空間としてのシューラは，地域における主要な政治の担い手であった。シューラの決定が，地域における判断となるのである。自分たちの村を政府あるいは武装勢力のいずれの支援に加担するかという選択は，まさしく村の存立，そして村の若者という武力の担い手の配分という希少価値を，シューラの権威によって決定するプロセスなのであり，地域における自己統治メカニズムとして機能しているのである。

では，紛争影響下にある社会において，シューラが無い場合はどのようになるのかという疑問が考えられる。筆者はシューラの無い村についても2015年に現地で聞き取りを行ってみた。実際，ミル・バチャ・コット郡ではシューラの無い村がある一方で，カラコン郡については，シューラの無い村が存在しなかった。ミル・バチャ・コット郡におけるシューラの無い村の１つ，バラーブ村では，住民の間でシューラを設置することに関して合意ができず，村ができ始めた当初よりシューラが存在しなかった。そのため，村における問題の解決や公共事業などの実施にあたっての村の意見の集約は，村を代表するマリクが行っていたという。しかし，マリクの選出は，地域の有力者の指名によってなされ，1970年代以降は，バラーブ村を支配下に置く反政府武装勢力，ムジャヒディンの野戦司令官（コマンダー）が指名するようになった。野戦司令官は，自分に従う村を作り出すことで地域を影響下に置くことに利益を見出し，野戦司令官に指名されたマリクは，野戦司令官が持ってくる資金や支援を村で配分する際に，自らと一族を優先することで利益を得ていた。

このような状態は2001年以降の現在まで続いており，住民の不満も高まっているという。不公平な決定を下すマリクの交代と，シューラの設置を求める声が次第に出始めているが，野戦司令官とマリクによって，シューラの設置は否定され続けている。このように，シューラが無い場合には，決定の公平性，妥当性よりも，関係者の利益を優先する構造によって住民たちの声が押し込められ，自己統治が行えない，有力者による支配状況が発生するのである。

2 「自己統治」のメカニズム

本節では，地域における自己統治が行われるメカニズムとして，農村におけ

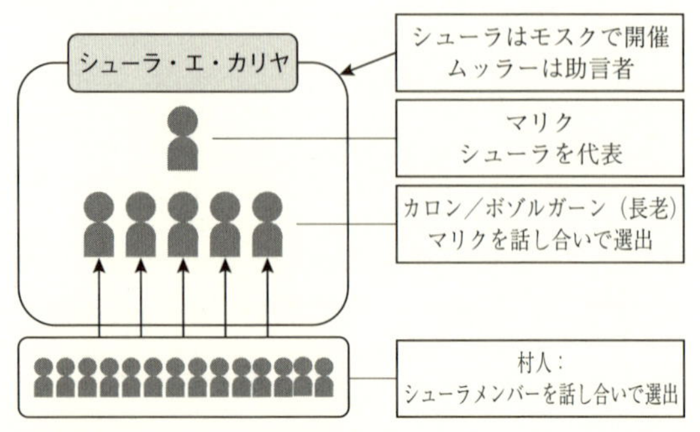

図3-1 村レベルの地域社会（シューラ・エ・カリヤ）
出典：筆者による聞き取り調査に基づいて作成。

る意思決定機関「シューラ・エ・カリヤ（شورا قریه：Shura-e Qarya）」の構成と機能をより詳細に見てみよう[23]。第2章で見てきたように，農村に暮らす人々は，経済状況や雇用，そして水など，農村生活における問題を抱えながらも農村生活を営んでいる。そして，農民たちは，自らの生活において直面する問題に関して，あるいは地域に関する問題や争いごとに関して，それを解決する社会的装置としてのシューラを持っている。「村」といった時に，その範囲は，モスクに歩いて行ける距離にある地域をひとまとまりの「村（قریه：Qarya）[24]」としている。そして，村単位で，地域社会における意思決定・問題解決機構としての「シューラ[25]」を構成するのである。カラコン郡およびミル・バチャ・コット郡は，既述のように主として，タジク系民族によって構成される地域である。村は，同じモスクに通い，毎週金曜日に，年齢や所得に関係なく，神の前に伏す一人の人間として，ともにモスクで礼拝を行ってきた人々の集まりなのである。この地域としての結びつきに依拠して，シューラは構成され，人々から信頼されてきたといえるだろう。

アフガニスタンでは，中央国家機構の下部行政機構として，州（ولایت：Wulayat），郡（ولسوالی：Wuluswali）があり，最少行政単位は，郡である。そして郡の下には，住民たちの生活単位となっている村がある。この村には，地域における自己統治機構としてシューラが村人たちによって必ず設置されている。シューラは正式な行政機構ではないが，モスクを中心とした農村の生活では重要な自治機関となっているからである。図3-1は村レベルにおける地域社会

図3-2　シューラのカロン／ボゾルガーン

左から2人目がシューラのカロン／ボゾルガーン。4人全員が元ムジャヒディンである。
出典：筆者撮影。

としてのシューラ（シューラ・エ・カリヤ）の構造を図にしたものである。

シューラを構成するためには，まずシューラの構成員であるカロン，あるいはボゾルガーン（بزرگان/کلان : Kalon/Bozorghan）を選出する。カロン／ボゾルガーンは，「長老」という日本語が近いだろう。[26] カロン／ボゾルガーンの選出は，村の成人がモスクに集まって話し合いをすることによって決定される。自ら立候補する場合や，他薦による場合があるとされる。

カロン／ボゾルガーンとして村人から選ばれる人物は，家柄や収入，経済状況や学歴ではなく，読み書きができ，人生における「知恵」，そして人柄を考慮されて選ばれている。読み書きが重視されるのは，シューラにおける決定を，関係者に対する証拠として，あるいは行政に対する要請文などを文書にする必要があるからである。従って，学歴が重要ではなく，読み書きができるということが重視される。また，「知恵」とは，住民間の争いごとや問題に対して，柔軟に考え，係争当事者が納得できるような妥当な解決策を提示することができることが期待されているからである。カロンやボゾルガーンとして比較的高齢者が選ばれる理由の1つが，彼らが持つ人生における経験に基づいた知見の尊重なのである。さらに，人柄として，温厚で人々に信頼されていることが考慮される。シューラに持ち込まれる土地の境界争いや水利権，家同士の争い事などの調停と解決を成功させるためには，温厚な性格で，意見を押し付けるのではなく，人々の話を聞いてくれるような人柄が重要なのだろう。そして人々に信頼されていることによって，調停や解決が，「村」全体の支持を得ることになる。図3-2のカロン／ボゾルガーンは，対ソ戦時代にムジャヒディンとして戦った経験を有しつつ，地域での農民として生活してきた。このような経験と，農村における詳細な来歴などを知っていることは，知恵として尊重され，カロン／ボゾルガーンとして選ばれる理由になるのだと考えられる。

次いで，選出されたカロン／ボゾルガーン全員が集まり，話し合いによって，「村長」に相当するマリク（ملک：Malik）を選出する。しかし，マリクがカロンやボゾルガーンよりも地位や職権が上，ということではなく，マリクは対外的な関係の際に，村を「代表」するということとされる。カロン／ボゾルガーンの間でマリクを選ぶ際には，全会一致が原則とされている。そのため，カロン／ボゾルガーン全員が納得のいくまで，話し合いを続けるという。村の人々から信頼を寄せられ，さらに村人から選びだされたカロン／ボゾルガーンで構成されるシューラは，村において「権威」を持つ存在となることができ，その決定が尊重されるのである。こうしてシューラは，通常月2回程度各週で開催される。しかし，緊急性の高い事項などが発生した場合には，月2回以上開催されることになる。

村のシューラが開催される「場所」は，通常はモスクである。村のほぼ中央に位置し，村人の誰もが足を運ぶのに適しているモスクは，シューラの開催場所としても好ましいものとされる。シューラの開催場所を提供するモスクの宗教指導者，ムッラー（ملا：Mullah）は，シューラのメンバーではない。しかし，村の自治機関であるシューラに対して，宗教的見地から，助言を与える役割を担っている。

カロン／ボゾルガーン，そしてマリクには特段の任期は無い[27]。しかし，村人から彼らに対して不満や批判が表明されると，批判を受けたカロン／ボゾルガーン，あるいはマリク同席のもとで，詳細をシューラで検討する。さらに批判を訴えた村人の話を，シューラでの検討と突き合わせるなどする。こうして批判等の妥当性を検討したうえで，不満を訴えた者，批判を受けたカロン／ボゾルガーン，あるいはマリクの間で調停や改善が図られるという。その際には，ムッラーにイスラム的な視点から，行為の妥当性やイスラムの解釈などの助言をもらうこともある。それでも，不満や批判等が解消されない場合には，該当するカロン／ボゾルガーン，あるいはマリクの再選出手続きが開始される。カロン／ボゾルガーンの再選出を，村人に提示するのである。このような再選出の手続きがいつでも可能なシューラは，村の人々による日常的なチェックというプレッシャーがあるといえるだろう。

シューラで扱う議題，事項は農村における生活に関する事項のみならず，多岐にわたる。家と家の間での諍いや，子供の喧嘩が原因で，両家の喧嘩にまで発展してしまったような場合における仲裁なども行う。村人個人や戦争未亡人の貧困を共同で救済する決定[(28)]や，若者などの失業問題に対して，近隣での雇用情報の収集と，それに基づいた無職の者への声掛けも行われる。道路建設や各種建設事業などが付近で行われている時には，無職の者などが，労働者として現金収入を得る機会になるため，そのような情報を広く持つシューラが橋渡しをするのである。

また，農業用水の分配や土地問題も，農村部においては重要な問題である。カレーズやポンプによる灌漑用水は，通常，利用する農家の数で分割し，水が平等に行き渡るようになっている。しかし，水の量が少ない時や，夏場などでは，できるだけ長く自分の農地で水を使おうとするため，水の利用に関して諍いが起きることもある。また，農地については，厳密な地籍図などがあるわけでもないため，土地の境界がしばしば問題になる。特に，相続などの際に，農地が分割される時などに，土地の境界問題が起こるという。

さらにシューラでは，村全体が関わる橋や道路，学校や病院，中央政府に対する送配電網の建設要請等，地域の生活基盤に関すること等に至るまで，農村生活に関わる幅広い事柄について議論し，決定を下している[(29)]。

このように見てみると，シューラは，住民間の民事的な事柄から，公共事業に関わることまで，司法，行政的な事項まで決定する役割を果たしていることが分かる。では独裁的かといえば，シューラが人々の直接参加を伴って地域に密着していることに鑑みれば，司法的・行政的役割の集中は独裁というよりも，ローカル・ガバナンスのある自己統治機構であるといえる。

シューラは，地域住民の代表として，地域に関わることや地域内での出来事に対して，判断を下している。そして，シューラの決定の実施を担保するための手続きも定型化されていた[30]。住民間の争いごとについては，シューラが金額を定めて，係争者相互から預託金という形で現金を受け取るのである。預託金の金額は，係争中の案件に従って決定される。例えば，土地の境界線争いの場合には，境界争いの対象となっている土地の面積とほぼ同額の現金を，紛争当事者双方から預かる。そして，シューラの決定が履行された場合には，両者に預託金が返金されるが，当事者の一方がシューラの決定を履行しなかった場合には，預託金が没収される仕組みである。

また，カロン／ボゾルガーンという村の代表者を選出する手続きと，村人による日常的なチェックは，既存の政治学における民主的政治の基本原理，「チェック・アンド・バランス」や「代議制」に照らしても，遜色のないものといえるだろう。シューラを構成するカロン／ボゾルガーンという代表は，政治学的な意味での「民主的手続き」によっては選ばれていない。しかし，数年に1度しかない選挙制度に依存するシステムと比較し，いつでも再選出手続きができるシューラの選出手続きは，人々をより公平に代表するシステムのように思われる。もちろん，既存の民主的政治システムにおいても，住民投票によるリコールなどの直接請求制度によって，地方公共団体の市長や町長等の公職の解職，議会の解散を求めることはできる。しかし，そのためには，地域住民から多くの署名を集めたうえで，投票によって決定するという長いプロセスがあり，さらに，住民からの署名集めなど，関係する個人にとって負担が多いといえる。それに対して，シューラの再選出は，たった一人からの批判や不満に対しても，シューラにおいて議論され，再選出の要否を決めるのであり，より広く「開かれた」システムということができるだろう。

またシューラで扱っている事項を見れば，住民間の争い事という民事的な事柄から，土地の境界の決定など，司法・行政的な事項にまでわたっている。その決定は，地域における各家庭の構成や，関係する事柄の来歴などの記憶に依拠しながらなされている。後述する地方行政機関が，中央から派遣された官僚によって運営されている状況と比較すれば，農村部の人々にとって，シューラがいかに身近な自己統治機構であるかが分かるだろう。

このようにして見ると，シューラとは，教科書的な代表制民主主義よりも開かれた形での直接民主制が行われているということができるだろう。シューラという自己統治のメカニズムは，人々からの信頼を基盤にした権威に依拠した代表者が，人々の日常的なチェック，換言すれば，人々による監視と関与の中で決定を行う場所ということができる。そして，地域の人々との強い結びつきによって支えられているシューラが，アフガニスタンの「強い地域社会」を象徴的に表していると考えられる。

3 「弱い国家」と「強い地域社会」

前節では，村の自己統治機構としてのシューラを詳細に検討し，シューラが農村生活における政治の場，つまり，農村において権威を以て希少価値の配分を行う主体となっていることを見た。そこで，本節では，シューラと最小行政単位である，郡行政府との関係を検討してみよう。

最小行政単位としての郡には，大統領の指名による郡知事（ولسوال：Wuluswal）が郡行政の長である。郡知事のもとに，中央の教育省，保健省等から派遣された数人の官僚で構成される郡教育局や郡保健局が配置されている。また，郡知事庁舎には，地域の治安・法執行機関としての郡警察が置かれている。

他方で，郡は多くの村から構成される。そのため，村のシューラ（シューラ・エ・カリヤ）の代表者マリクによって構成される郡レベルのシューラがインフォーマルに構成されている。

郡レベルのシューラは，シューラ・エ・マルドミ・ウルソワリ（شورا مردمی ولسوالی：Shura-e Mardumi Wuluswali）と呼ばれる。各農村のシューラのマリクによって郡レベルのシューラは構成される（図3-3）。各村をマリクが代表し，その合議体として，シューラ・エ・マルドミ・ウルソワリが構成されるのである。そして，郡レベルで農村部住民側を代表する「郡長」に相当するライス

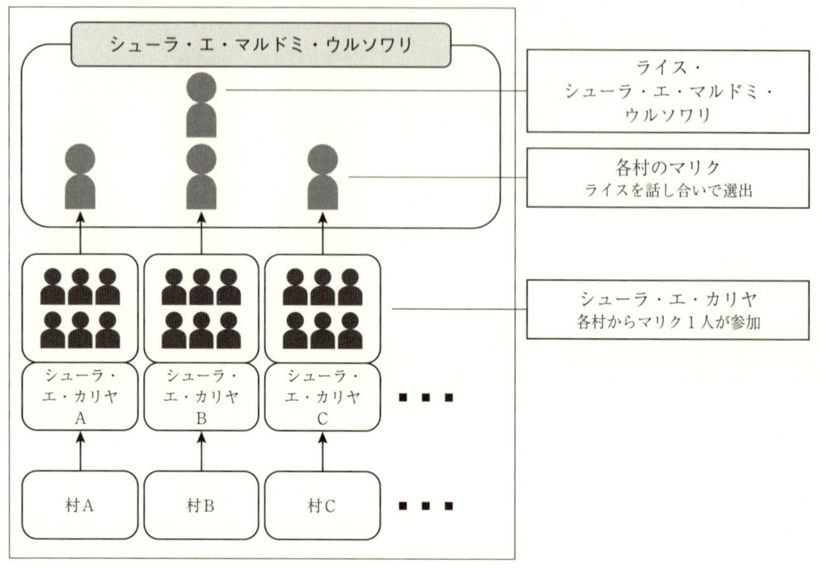

図3-3 郡レベルの地域社会（シューラ・エ・マルドミ・ウルソワリ）

出典：筆者による聞き取り調査に基づいて作成。

（رئیس شورا مردمی ولسوالی：Rais Shura-e Mardumi Wuluswali）を，マリク同士の話し合いを経て選出する。ライスを選出する際にも，マリク同士の全会一致が基本とされる。郡レベルのシューラは，郡議会[31]に相当するといってよいだろう。郡レベルのシューラは，月２回程度，隔週で開催される。

郡レベルのシューラでは，各村では取り扱うことのできないより大きな，村を跨ぐような問題や郡全体の問題について，議論し，意思決定を行っている。カレーズや水路などの灌漑用水は，通常数キロから数十キロ先の水源から引かれているため，複数の村を跨いでいる。そのため，灌漑用水の問題などは，単一の村のシューラでは扱い切れず，郡レベルのシューラの議題となる。また，郡内の幹線道路などの公共工事や治安などについても，郡レベルでの問題である。

さらに，ライスは，郡の人々を代表して，最小行政単位である郡政府，その上位に位置する州政府，さらに中央政府に対して要望や要請等を伝達し，交渉する役割を担っている。大統領（中央政府）によって任命され，各地へ派遣される郡知事や州知事は，地域出身ではない者もあり，また地域出身者であって

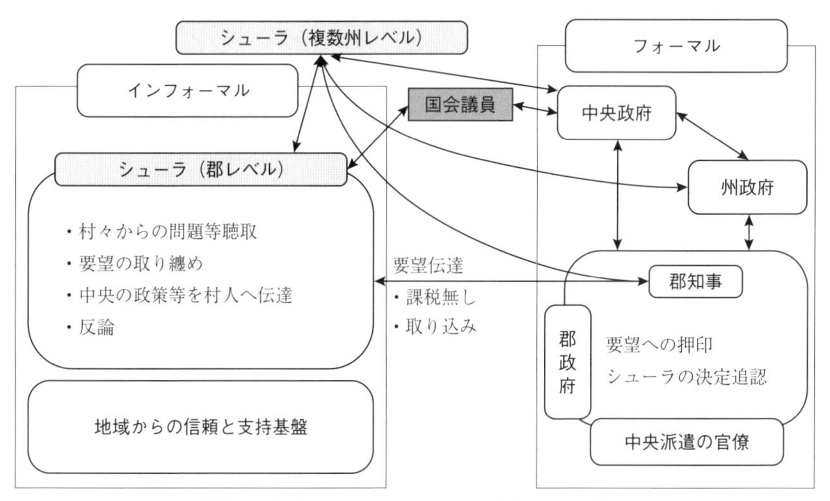

図3-4　行政とシューラ・エ・マルドミ・ウルソワリ

出典：筆者による聞き取り調査に基づいて作成。

もマリクに比較して地域の情勢に疎く，結果として，郡や村の事柄については，郡・村のシューラに大きく依存せざるを得ない[32]。具体的には，郡や村の事項については，最小行政単位の長である郡知事は，郡議会が無い中では，シューラの決定を承認するだけとなっている[33]。

村および郡レベルでの農村において大きな役割を担っているシューラに関して，中央政府の農村復興開発大臣は，「農民はアフガニスタンの背骨」であり，「内戦を経てもなおしっかりと機能している農村のシューラ」を，「中央政府の政策実施に取り込んでいくことが重要である」と評価している[34]。そのためもあり，シューラの長としての農村代表者には，中央政府（農村復興開発省）から「印」が渡されており，この印が押されている文書が，村あるいは郡のシューラの公式文書となる。

このような郡レベルのシューラと郡政府の関係を示したものが，図3-4である。フォーマルな行政機構としての郡政府の長として，郡知事が配されている。そして郡政府は，インフォーマルな郡の自己統治機構としてのシューラ・エ・マルドミ・ウルソワリから寄せられる要望などを州政府や中央政府に伝達する機能を果たしている。

また，郡レベルのシューラで問題が解決できない，あるいは郡レベルのシューラ同士が対立した時には，カブール州のカラコン郡，ミル・バチャ・コット郡そして近隣のパルワン県の各郡の郡レベルのシューラの代表者（ライス・シューラ・エ・マルドミ・ウルソワリ）が集まって，複数州レベルのシューラを開催する。この複数州レベルのシューラは，各郡の代表者から構成されており，その決定は，大きな重みを持ち，国会議員，州知事，郡知事などへ直接申し入れができるほど影響力が大きい。国会議員や有力政治家への人的ネットワークを生かした結びつきが機能しているといえる。しかし，複数州レベルのシューラは，郡レベルのシューラが問題を解決できない時にのみ非定期に開催される。そのため，日常的には，村レベル，郡レベルのシューラが地方の自己統治主体となる。また，村や郡レベルのシューラであっても，地元選出の国会議員や有力政治家への人的ネットワークを有している。それは，選挙において地域の票を期待する国会議員や政治家が，シューラを通じて地域との結びつきを維持・拡大していこうとする姿勢が背景にある。

郡レベルのシューラは，その基盤として，各村のシューラ，その下の人々の支持を基盤としているのに対して，フォーマルな行政機関としての郡政府は，法律に依拠して中央から派遣された郡知事と官僚がすべてである。従って，インフォーマルな自己統治機構としてのシューラが持つ住民の支持に基づいた基盤の強さに比較すると，いかに地域に根付いていないかがよく分かる。また，農村復興開発大臣が，シューラを政府に取り込んでいこうとする発言の背景として，農村部におけるこのような強い自己統治機構の存在があると考えられる。

サイカルは「弱い国家」と「強い地域社会」とによって構成されるアフガニスタンという歴史的視点を提示した[35]。しかし，サイカルの「弱い国家」と「強い地域社会」という捉え方のみでは，地域社会で展開される政治を捉えることができない。なぜなら，パシュトン等の民族的，氏族的結びつきによって成り立つ「強い地域社会」と，権力基盤の弱い「弱い国家」とを対比させることにサイカルは焦点を当てていたからである。ここでさらに検討すべきは，地域社会が実際にどのような構成を持ち，どのように働いているか，を詳細に見ることで，地域社会が持つ強さが分かるからである。そこで，サイカルの視点を，

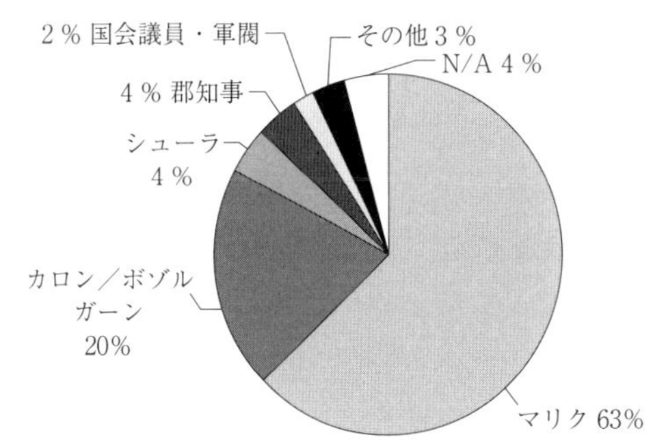

図3-5　地域における土地問題の解決力
出典：筆者による聞き取り調査に基づいて作成。

地域社会で行われている自己統治というレンズを通して，カラコン郡およびミル・バチャ・コット郡に当てはめて考えてみたい。その際に，検討する際の枠組みとして，サイカルの指摘した①中央政府の権威，②中央政府と地域社会の関係，そして③地方有力者に照らしつつ，それぞれの政治的動きを踏まえて考察してみたい。

まず①中央政府の権威について考えてみると，既述のように，農村部における住民の問題のほとんどが，村レベル，あるいは，郡レベルでのシューラで検討されており，郡知事はシューラの決定をほぼ追認していた。また，村人は，生活における問題に関して，郡あるいは州レベルの裁判所をほとんど利用していない。その意味では，農村部に居住する村人たちにとって，農村生活の中で出会う様々な個人的，社会的問題を解決する政治的力を持たない中央政府よりも，シューラにより権威を見出しているといえるだろう。なぜなら，農村にあってはシューラこそが，人々の要望や問題を受け取り，それに対してフィードバックを返していく制度だからである。

しかし，シューラそのものは，国家行政機構のように独自の予算を以て運営されるわけではない点は，シューラが持つ弱みであるといえる。従って，村や郡のシューラといえども，独自に公共事業を開始したりすることができないため，大掛かりな道路や建設などの公共事業については，国家行政に予算措置を申し入れざるを得ない[36]。

図3-5は，村レベルにおいて，土地の所有権に関して問題が起きた時，誰

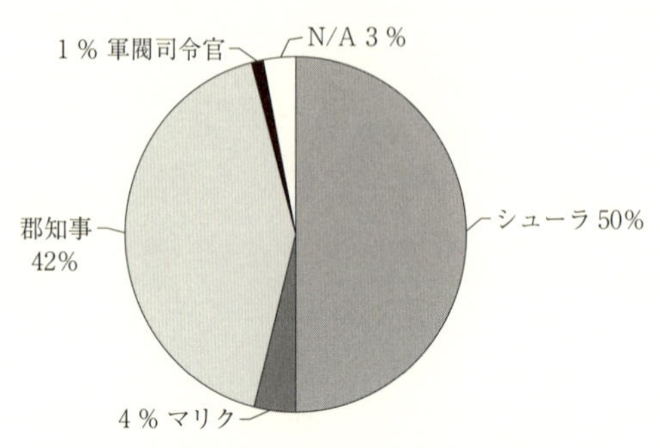

図3－6 地域において誰に権威があると考えるか
（選択肢から選択）
出典：筆者による聞き取り調査に基づいて作成。

に問題の解決能力があるかを問うた結果を示している。回答者の主観ではあるが，調査対象者の63％がマリクに土地問題に関する解決力があると回答している。次いで，カロン／ボゾルガーン20％，シューラ4％となり，シューラに関係する，マリク，カロン／ボゾルガーン，そしてシューラそのものの合計は，87％になる。現地での調査を行う前には，国会議員，軍閥司令官などが大きな影響力を持つのではないかと想定していた。なぜなら，1979年以降の紛争の中で，住民たちは地域の軍閥司令官のもとで戦闘に参加しており，有力な軍閥司令官は2001年以降，国会議員へと転身していたからである。しかし，今回の調査結果からは，農民たちは土地問題という農村生活において重要な事項の解決にあたっては，マリクやカロン／ボゾルガーンが解決する力があると見ていることが分かった。中央から派遣される郡知事に土地問題を解決する力があると回答した者は，わずか4％だった。

地域において誰に権威があるかを直接的に問うた結果が，図3－6である。ここでは，選択肢（シューラ／マリク，郡知事，軍閥司令官）を提示していずれにより権威があるかを問うた。その結果，54％がシューラあるいはマリクに権威があると答えた一方で，郡知事に権威があるとする回答が42％あった。

権威という言葉を使って問うた場合，やはり法律に依拠して中央から派遣されてくる郡知事が，地域において政府を代表するものとして権威を有するとする認識が背景にあると考えられる。しかし，インフォーマルな自己統治機構でしかないシューラおよびその代表者としてのマリクが，郡知事よりも権威があるという回答は，日常生活においてシューラが果たしている役割の大きさを表していると推察される。これは，シューラが持つ政治システムとしての役割を人々が認めているところによるものと考えられる。人々の問題というインプットに対して，決定というアウトプットが常に期待できるところに，シューラの政治的権威があると考えられる。

中央政府の権威を地域において代表しているのは，郡知事である。新しく発布された憲法に基づいて中央から派遣された郡知事については，農村部居住者たちも一定の権威は認めつつ，しかし，実際の農村生活における問題の解決にはシューラに重きを置いている様子がうかがえる[37]。郡知事に対する権威といった場合の「権威」は，人々の支持に基づいた，決定力を担保する権威というよりは，フォーマルな機構が持つ，形式的，あるいは法律的な権威と考えることができる。

また，②中央政府と地域社会の関係については，図3-3のように，必要に応じてシューラは積極的に中央政府に働きかけを行うと同時に，中央政府から，シューラの公印が渡されている。しかし，実態的な意思決定や地域に関する議論は，地域の実情をよく理解しているシューラに依存していた。

地域におけるフォーマルとインフォーマルな主体の結びつきは，郡レベルにおいては，郡知事と郡レベルのシューラとによってなされていた。しかし，興味深いことに，シューラのカロン／ボゾルガーンのほとんどが，軍閥司令官，あるいは，軍閥司令官上がりの国会議員の携帯電話番号を持っていた。これは，シューラを中心とする地域社会が，必要に応じて地域選出の国会議員を利用していることを示していると考えられる。

シューラは，村に必要な支援やフォーマルな行政機構による時間のかかる事務処理などを迂回するために，地域選出の元軍閥司令官の国会議員に直接電話をして要望を伝えている。フォーマルな要請などは，郡知事を通じて州政府や中央政府に挙げつつも，時に軍閥司令官上がりの国会議員に直接訴えかける姿からは，農村がしたたかに政府や国会議員を利用しているように見受けられる。

他方で，中央から地方へと影響力を伸ばそうとしている姿勢は，シューラを政府行政機構に取り組んでいこうとする中央政府の姿勢からもうかがわれる。マンの「基盤的力」という視点から，国家権力が中央から地方へと手を伸ばしていく様子を指摘した。しかし，農村部に具体的基盤を持たず，また，「民主的な」選挙による議会すら無い中で，中央が農村部に影響力を行使しようとする際には，しっかりした権力基盤を持つシューラを利用せざるを得ないというところが実情であろう。その意味では，現在のアフガニスタンにおいては，必ずしも中央と農村の双方向的関係が失われたわけではないものの，対等な関係というよりは，農村部が積極的に中央を利用しているように思われる。そしてここにおける中央と地方の関係は，行政機構がしっかりと確立していないからこそ，フォーマルな行政機構が，インフォーマルな地域の自己統治機構との結びつきを強める姿があった。しかも，紛争中の記憶は，中央政府がいかにもろく，変わりやすいものであるか，を農民たちに常に意識させているように思える。

最後に，③地方有力者に関して検討してみよう。すでに見たように，カラコン郡およびミル・バチャ・コット郡における地方有力者とは，シューラを代表するマリクと，シューラを構成するカロン／ボゾルガーンであった。少なくともカロン／ボゾルガーンは，農村成人による話し合いによって選出されており，任期は無いものの，村人からマリクやカロン／ボゾルガーンに対して不満が提出されると，再度村人による話し合いが持たれ，再任されるかどうかが決定されるという地域の人々の日常的なチェックの中にあった。また，カロン／ボゾルガーンになるための資格要件としては，財力や家柄ではなく，文字の読み書きと，人柄，知恵者であるかどうか，等が勘案されている。農村部における地方政治の実質的な有力者としてシューラのカロン／ボゾルガーンを見た時に，その選出過程や資格要件を踏まえれば，地域における有力者を，人々は非常に妥当な慣行のもとに選定しているといえる。

他方，地域における軍事力・武力を背景にした軍閥の司令官は，カカーらの指摘にもあるように，対ソ戦期から台頭してきた。しかし，現在ではその多くが，政治家，国会議員に転身している。マリクやカロン／ボゾルガーンは国会議員となった軍閥司令官との有機的な結びつきを利用して，フォーマルな行政機構を迂回する要望の伝達手段も持っていた。国会議員となった元軍閥司令官たちは，現在では，5年に1度開催される国会議員選挙に当選するために，地元選挙区の村々，その有力者であるマリクやカロン／ボゾルガーンとの結びつきを重視しているということであろう。ここからは，アフガニスタンに導入された，西洋型の民主的政治制度が，アフガニスタンの文脈の上に次第になじみ始めたと見ることができる。他方で，国会議員となった軍閥司令官は，農村部において大きな影響力を持っているものの，日々の農村部の生活における有力者とは言い難いだろう。

サイカルは，アフガニスタン社会を弱い国家と強い地域社会として指摘した。実際，中央政府は，国際社会がアフガニスタンという国に対して平和構築をするに際に理解しているように，脆弱な行政機構，弱いガバナンスのもとにあるといえる。しかし，実際の農村部を詳細に見ていけば，村人たちは，シューラを中心とした地域の自己統治機構を中心として強く結びついていた。その結びつきは，国家機構が地方へと影響力を伸ばそうとしている中で，フォーマルな制度との結びつきよりもはるかに強く地域の自己統治機構と結びついていた。それは，国家がどのようなものであろうとも，利用できるものを利用して，自らの生活を確立，向上させる営為を行ってきていた。換言すれば，中央と地方は単純な二項対立として簡略化できる関係性ではなかった。農村部における弱い中央政府の存在感，中央と農村の非対称な力関係，そして，農村部における日々の生活における有力者としてのカロン／ボゾルガーンとマリク，という以上の点を踏まえれば，未だアフガニスタンの農村部は，紛争影響下とはいえ，あるいは紛争影響下だからこそ，「強い地域社会」と「弱い国家」という形で存在しているといえる。しかし，弱い国家とはいえ，中央政府は，アフガニスタン史上初めてといえる規模で，地方農村部に対して国民サービスを行おうとしており，国家の側についても，拙速に「弱い国家」と単純化することはできないだろう。さらに，ミグダールやサイカルが想定する強い地域社会をけん引する地方エリートは，シューラにおいては当てはまらない。ミグダールやサイカルの視点のみでは，自己統治を行う地域社会を捉えることができないのである。

農村生活，そして村や郡の地域社会を導いていくシューラの役割と，そこで議論される事柄から明らかになったことは，村人たちは，生活の改善に向けて，村や地域レベルで，人々は中央政府をはじめとする行政機構に頼るのではなく，自らが組織するシューラを通じて実現していこうとする姿勢であった。地方におけるインフォーマルな自己統治機構としてのシューラは，地方における社会生活を維持していくうえでの基礎となっているのである。

一方で，国際社会と呼ばれる各国・各機関による支援は，2001年以降，中央政府を主たる支援相手として，援助を実施してきた。もちろん，国際支援は，国家間の取り決めに依拠する制度であり，直接農村を対象とした支援は，中央政府を経由した支援を除いては，大規模に行うことができない。また，国際援助における「オーナーシップ」という言葉は，国際社会の側にも，被援助国の中に，パートナーとして協働する相手を探し出すインセンティブを与えている[38]。トンディーニには，ローカル・オーナーシップを開発援助における新たな「マントラ」として，以下を指摘している。①地域の文化に対する新しい政策の対応性，②新しい政策を執行する前の地域住民との協議，③実施過程における地域アクターの参加，④国の諸機関に対する国際的アクターの説明責任，⑤国際的な機構による全体的な監督，⑥国内主権の尊重の6点である[39]。しかし，国際社会が想定するローカル・オーナーシップについて，ジャースタッドとオルセンは，それを，「私たちのアイディア」に関する「彼らのオーナーシップ」と指摘し，国際社会がいうところのオーナーシップの外来性を指摘する[40]。国際援助という形で，外部者が介入する時，そこで想定される概念や新しい制度は，ローカル・オーナーシップといいながらも，結局は国外で発展した概念，制度を前提としているのである。

難民や国内避難民，あるいはずっと農地に留まり続けた農民や元戦闘員は，結果として，教育や職業訓練の機会を逸してしまった。彼らがアフガニスタン国民の大多数にも拘らず，内戦中国外に逃れ，良い教育を受け，英語の能力も身に付けた都市居住者と彼らによって構成される中央政府に対して，不満を高めていることは，容易に理解できる。かといって，農民をはじめとする国民が，現在のアフガニスタンの状況を否定的に捉えているとするのは，早計であろう。

24年以上の内戦等を経験した人々にとって，現在は汚職があるとしても，殺人者（mass murderer）よりは良い，という指摘[41]は，外国人が中央政府の汚職や機能不全に対して表面的に批判を加えている現状への理解の見直しを示唆している。つまり，内戦時代から比べれば，不満があり，汚職があるかもしれないが中央政府は存在している，という国民の認識を示していると解釈することができるのである。国際社会は，中央政府の制度構築，能力強化等を通じて，国のガバナンス能力の向上を支援する。そのような中央政府に対して，国民はLesser evil として認識しているのである。他方，農村地帯における生活においては，自分たちが主体的に参加し，所有する地域の社会問題に取り組んでくれる自己統治機構としてのシューラを持つ。ここには，政府の統治能力の確立を強く求める国際社会と，実際的な問題の対処にはシューラを使いつつ，国家については「かつての内戦時代よりはまし」な政府と見る国民の認識との「ずれ」が存在していると指摘できる。

平和構築における民主的政治体制の確立といった時，そこには国際援助を行う側が暗黙に前提とする「民主的政治体制」があることを指摘したが，他方で，地域には，地域の文脈において「民主的」な自己統治機構としてのシューラがあった。そして，シューラは，農村社会で発生する様々な社会的問題に対して対処していく，つまり，政治的な機能を果たしていた。国際社会は，平和構築におけるガバナンスを，新たな社会契約と指摘したが[42]，国家と国民という次元で見た時には，成り立つ指摘かもしれないが，地域社会に住む人々と地域の自己統治機構の間には，すでに人々の財産を守り，地域に秩序をもたらす地域政治システムができているのである。ここには，国際社会が平和構築への取り組みの中で推し進めるガバナンス改善の取り組みが，地域社会の持つ自治システムとは全く次元の異なる，外来の文脈の中で行われているのである。平和構築の文脈において，地方の自己統治機構を，「それなりのガバナンス」を提供するシステムとして理解すると，地域の安定に貢献する主体として浮かび上がってくる。そこで次章においては，国際社会と地域社会におけるガバナンスの相違に焦点を当てて検討してみよう。

註

(1) シューラ（شورا：Shura）とは，アフガニスタン公用語の1つであるダリー語であり，会議を意味する。別の公用語であるパシュトン語地域（主にアフガニスタン南部および西部）では，ジルガ（جرگه：Jirga）と呼称されることもある。

(2) Easton, David, *The Political System : An Inquiry into the State of Political Science*, New York : Knopf, 1971.

(3) Eliot Jr., Theodore L., 'U. S. Policy toward Afghanistan,' in The Asia Foundation, *America's Role in Asia : Asian and American Views*, San Francisco : C. A., 2008, p. 284. 原文では，'Afghanistan was a totally destroyed state.' と記述されている。

(4) Paris, Roland, *At War's End : Building Peace after Civil Conflict*, Cambridge : Cambridge University Press, 2004.

(5) アフガニスタンにおける新憲法は，2003年12月14日から2004年1月4日までの期間で，アフガニスタン全土から502人の代議員が出席した憲法制定ロヤ・ジルガ（国民大会議）が開催され，1月4日，新憲法がロヤ・ジルガで採択される。これは，国会が未だ立ち上げられていないため，国民の代表として，各地域から代表者が選出され，国会に代替するものとして憲法制定ロヤ・ジルガが開催された。新憲法の発布は2004年1月26日である。

(6) 新憲法が制定されたことで，2004年10月9日，大統領選挙が実施され，11月3日，カルザイ大統領が選出される。

(7) 2005年9月18日，国会（下院）および州議会議員選挙が実施される。上院は新憲法の規定により，下院，州議会，大統領指名によって議員が選出されるため，選挙は実施する必要が無い。こうして2005年12月19日，上下両院議員がそろって，議会が再開された。

(8) アレント，ハンナ；志水速雄訳，『人間の条件』，東京：筑摩書店，1994年。

(9) 佐藤は，別の文脈において，単純化を指摘している。つまり，地図や統計などの整備によって，「読みやすくする」ことが統治と支配につながるという指摘であった。この「読みやすさ」を平和構築の文脈において考えた時，外部者は，自らが想定する「民主的手続き」や「民主的政治」こそが読みやすい概念であり，地域に根付いた統治システムは，自らが標準とする「民主的手続き」や「平等性」という言葉を使って排除してしまうことになる。佐藤仁，『稀少資源のポリティクス――タイ農村にみる開発と環境のはざま』，東京：東京大学出版会，2002年。

(10) Fukuyama, Francis, *Political Order and Political Decay : from the Industrial Revolution to the Globalization of Democracy*, N. Y. : Farrar, Straus and Giroux, 2014, p. 3. しかし米国等による国際社会の取り組みは，選挙を経た政府の樹立には成功したものの，汚職の無い有能な政府の樹立には失敗しているとする。Fu-

kuyama, *ibid.*, p. 527.

(11)　Kakar, *op.cit.*, 1995.

(12)　Saikal, Amin, ‘Afghanistan’s Weak State and Strong Society,’ in Simon Chesterman, Michael Ignatieff, and Ramesh Thakur ed., *Making States Work : State Failure and the Crisis of Governance*, Tokyo ; New York : United Nations University Press, 2005.

(13)　Tariq, Mohammad Osman, *Tribal Security System (Arbakai) in Southeast Afghanistan*, Occasional Paper No. 7, Crisis State Research Centre, London School of Economics, December, 2008.

(14)　Lamb, Robert D., *Formal and Informal Governance in Afghanistan*, Occasional Paper No 11, The Asia Foundation, 2012.

(15)　Giustozzi, Antonio, *Justice and State-Building in Afghanistan : State vs. Society vs. Taliban*, Occasional Paper No. 16, The Asia Foundation, 2012.

(16)　Richmond, Oliver, ‘Resistance and the Post-Liberal Peace,’ in Susanna Campbell, David Chandler and Meera Sabaratnam eds., *A Liberal Peace? : The Problems and Practices of Peacebuilding*, London : Zed Books, 2011, p. 238.

(17)　千葉眞,「市民社会論の現在」『思想』, 東京：岩波書店, 5月：1-3, 2001年, p. 2。

(18)　農村部においては, 私有財産はもちろんあるものの, 市場における競争や資本の投下等が都市部や先進国に比べればそれほど発達, 普遍化していないという意味である。

(19)　アレント, 前掲書。

(20)　Barfield, Thomas, Neamatollah Nojumi, ‘Bringing More Effective Governance to Afghanistan : 10 Pathways to Stability,’ *Middle East Policy*, Vol. 17, No. 4 (Winter) 2010, p. 40.

(21)　アフガニスタン最大の民族集団であるパシュトン人は, パシュトン族を, さらに細かく氏族に分けたものである。具体的には, 最大の氏族はドゥラニ族であり, 歴史的にアフガニスタン王家を輩出してきた氏族である。次いで, ギルザイ族があり, ドゥラニ族に対抗する勢力である。これら最大2氏族のほかに, カルザイ前大統領が所属するポパルザイ族, ガニ現大統領が属するアーマドザイ族など, 大小様々な氏族が区分されており, 氏族ごとの家系の結びつきを重視する。主要な氏族は, 氏族独自の組織を持ち, 重要な事項に関しては氏族会合を持つ。筆者インタビュー。2015年3月。

(22)　筆者によるインタビュー。

(23)　林裕,「紛争影響下社会としてのアフガニスタン農村部——アフガニスタン・カーブル州北方郡部を事例として」『東洋研究』, 大東文化大学東洋研究所, 第191号, 2014年, 47〜67ページ。

(24) 大野は，アフガニスタンにおける現地調査の際に，「むら」として記述している。大野が「むら」という言葉を選んだ理由は，日本語で「村」と記述した時に想起される日本の村という言葉に付随するイメージを避けるためであった。しかし，本書では，あえて「村」とした。大野盛雄，『フィールドワークの思想――砂漠の農民像を求めて』，東京：東京大学出版会，1974年，96～97ページ。

(25) 役割に着目して訳すとすれば，「伝統的指導者会議」ということができる。

(26) 「カロン」とは，「大きい」を意味しており，ボゾルガーンも同様に「大きい」を意味する。現地における聞き取り調査では，両郡においてカロンないしボゾルガーンとして呼ばれていたため，併記した。

(27) マリク，カロン／ボゾルガーンが交代する場合の多くが，「疲れてしまった」ということを理由としている。マリク，カロン／ボゾルガーンは，「給与」などが無くとも地域の問題に取り組む。そのため，農業などをしながら，シューラを運営し，地域の問題に取り組んでいくことは，気力，体力が必要とされているようで，年齢が上がるにつれて，シューラに関わっていくほどの気力，体力がなくなってきたと感じた時に，マリクやカロン／ボゾルガーンの「職」を辞任するという。

(28) 戦争未亡人や貧しい村の世帯に対して，村の中で食べ物などの無償提供「分け与え」なども行われる。

(29) 婚姻に関係する問題，特に花嫁が処女ではなかったことに起因する家族間の紛争は，「恥」として関係者は公にすることを好まないが，その際にはシューラに解決・調停が依頼されることが多い。また，各村において，怪しい人物等，治安関係の情報も共有される。地域における配電網のための電柱設置場所などについても，シューラにおいて議論され，決定される。

(30) シューラは，地域での争いごとについて決定を下し，係争する両当事者から委託金を受け取り，その強制措置も行う。シューラの決定に従わない場合，委託金が没収される。このようなことから，強制力を持たない日本の町内会とは異なるものといえる。

(31) アフガニスタン憲法第140条では，郡議会の設置が規定されているが，2015年段階で，未だに郡議会は設置されていないため，シューラ・エ・マルドミ・ウルソワリが郡議会の役割を担っている。Islamic Republic of Afghanistan, *The Constitution of Afghanistan*, 2004.

(32) 郡知事は，大統領によって指名されるが，中央政府の行政機構である独立地方行政局（IDLG：Independent Directorate of Local Governance）などが郡知事候補を選び出し，大統領が指名する場合が多い。

(33) 筆者による聞き取り調査。

(34) 2012年７月，筆者によるワイス・バルマク農村復興開発大臣（当時）へのインタビュー。大臣は，農民たちこそが，対ソ戦などに，戦闘員として参戦し，「ムジャヒディン」の大多数を構成して，多大な犠牲を払って国を守ってきたと言及していた。

(35) Saikal, *op.cit.*

(36) 公共の利益となる少額の事業，例えばモスクの改修や農道整備などは，住民からの寄付を募ることで実施することができる。

(37) 現行憲法第140条では，郡，村レベルの議会の設置を規定しているが，現在まで選挙は実施されていない。元憲法起草委員会議長は，憲法起草の際に，包摂的な政治システム（inclusive political system）の確立を意図して本条文を加えたと言及している（筆者による聞き取り。2013年12月25日）。しかし，現状では，シューラがその役割を代替しているといえる。

(38) Jarstad, Anna K., and Louise Olsson, 'Hybrid Peace ownership in Afghanistan : International perspectives of who owns what and when,' *Global Governance*, Vol. 18, No. 1, 2012, p. 106.

(39) Tondini, Matteo, *Statebuilding and Justice Reform : Post-Conflict Reconstruction in Afghanistan*, London ; New York : Routledge, 2010, pp. 11-12.

(40) Tondini, *ibid.*, p. 12.

(41) Lamb, *op.cit.*, p. 17.

(42) UNDP, *Governance for Peace : Securing the Social Contract*, esp. p. 18.

第4章 弱い国家における「自己統治」
——だれのガバナンスなのか——

1　国際社会，首都，そして農村

「ガバナンス」は，今日の国際援助において，必ずといっていいほど言及される概念である。ガバナンスという言葉がこれだけ普及している一方で，第1章第3節で見たように，その具体的語義に関しては，厳密な定義が存在しているわけではない。しかも，国際援助の現場において利用される民主主義やガバナンスという概念が，援助実施にあたる外部者にとって，国際的に広く利用されている概念であるからこそ「分かりやすい」ものとなっている。その結果として，現地に根付いている「別な形の地域社会の在り様」が外部者にとって見えにくいからこそ，見落とされ，あるいは意識的に排除されることを第3章において指摘した。

そこで，本章においては，国際援助の現場における「ガバナンス」という言葉を手掛かりに，ガバナンスに関する国際援助政策が「だれの（whose）」ガバナンスなのか，ということをより深く考えてみたい。なぜなら，中央がどのような状況にあろうとも，地方において自己統治を行うメカニズムが存在していることを認識した時，外部者が持ち込む「グッド・ガバナンス」や「ガバナンス向上」が何を意味としているのかが疑問となるからである。

外部者としての国際援助を実施する主体，つまり，国連や各国援助実施機関，NGO などにとって，既存の議論が行われてきた「ガバナンス」という概念とそれに依拠する政策の実施は，現地社会に深く根を下ろした別の形のガバナンスを見つけ出し，それを活用するよりもはるかに容易である。

地域に根付いた社会の在り様が，外部者による開発援助の視点から除外される時，国際援助が展開される現場には，「外来のガバナンス」と，地域に既存の「在来のガバナンス」とが存在することになると考えられる。このような2つのガバナンス概念がある時，私たちは，援助の現場で実施される「ガバナンス」改善，向上のための政策が，いったい誰のために行われているものなのかを精査する必要があるだろう[(1)]。なぜなら，国際援助を実施する者たちが念頭に置くガバナンスが外来の概念である時，「在来のガバナンス」ではなく，外来のガバナンスを前提として政策が立案され，実施されてしまう。そして被援助国内の社会，さらに人々の眼前に，自分たちが持つガバナンスと，外から持ち込まれたガバナンスという2つが展開されてしまうからである。

アフガニスタンという紛争影響下にある国を支援する側にとっては，既存の開発援助や平和構築の議論を基礎として，民主化支援やガバナンスの向上が，被援助国の平和と安定に貢献すると理解する[(2)]。例えば，米国の対アフガニスタン政策を，その復興援助の有効性という視点から監査する SIGAR（Special Inspector General for Afganistan Reconstruction）は，アフガニスタン支援に関する潜在的リスクとして，以下の7つを指摘している。つまり①汚職と法の支配，②持続可能性，③アフガニスタン治安部隊の能力，④オン・バジェット支援[(3)]，⑤麻薬対策，⑥契約管理と監督アクセス，⑦戦略と計画，の7項目である[(4)]。

①汚職と法の支配は民主的政治体制確立の重要性を指摘し，②持続可能性では，アフガニスタン支援で実施された各種支援が今後アフガニスタン政府の手によっていかに維持されていくかに注目する。同時に，反政府武装勢力との戦闘が継続する中で，③アフガニスタン治安部隊の能力が重要とされる。④オン・バジェット支援[(5)]は，アフガニスタン国家財政に対して，援助国が直接財政支援を行うことに起因する汚職が懸念される。さらにオン・バジェット支援は，被援助国側の行政能力，そして長期的な監査を必要とする。国際援助を通じた支援の中では，アフガニスタン国内で続くケシの生産と精製，そして密輸というサイクルが，その資金が反政府武装勢力の活動資金になると同時に，犯罪組織と汚職を生み出すため，⑤麻薬対策が重要とされる。⑥契約管理と監督アクセスは，米国の対アフガニスタン支援に関わる契約についてである。SIGAR

による見積もりでは，2002年から2013年２月までで，対アフガニスタン支援のための契約は，370億ドルに上っており，その適正な管理が必要とされる。そして⑦戦略と計画とは，米国の対アフガニスタン支援における民軍協力等を通じた戦略と実施計画の重要性を指摘している。SIGAR が挙げる７つのリスクのうち，⑥契約管理と監督アクセスと，⑦戦略と計画は，米国側の注意事項ということになる。残りの①から⑤までが，アフガニスタン国側の懸念事項である。そして，アフガニスタン側の懸念事項の中で，汚職が最上位のリスクとして認識されている。SIGAR の報告書からは，治安部隊の能力を除くと，汚職と法の支配，今までの援助成果の効果的な持続，直接財政支援の適切な管理，麻薬対策の実施は，アフガニスタンに関わる効果的なガバナンスの重要な構成要素と考えられていることが見て取れる。

アフガニスタン駐留米軍最高司令官だったアレン大将は，米国上院外交小委員会で次のように述べている。

> アフガニスタンの未来に対する大きな挑戦は，タリバンではなく，パキスタン国内の（筆者注：反政府武装勢力の）聖域でもなく，敵対的なパキスタンでもない。近代アフガニスタンの長期的生存可能性に対する現実の脅威は，汚職である。(6)

アフガニスタン支援を軍事，民生の両面から大きく支援している米国(7)にとって，汚職が減少し，法の支配に依拠する民主的政治体制がアフガニスタンに確立されることこそ，多額の米国の国税を使ったアフガニスタン支援が有効になされたとみなされる。だからこそ，国際援助，特にアフガニスタンのような紛争影響下国に対する支援においては，民主的な政府や行政の機能強化に焦点が当たるのである。「国際社会から見た」ガバナンス支援ということになる。ここには，第３章で見たような，地域に根付く自己統治機構は，政府，中央行政機構の能力強化という平和構築からは抜け落ちており，「アフガニスタン人から見た」「アフガニスタンの文脈に沿った」ガバナンス支援とはなっていないのである。

国際援助の主たる受け手となるのは，「国際」援助という性質上，他国，あるいは国際機関からの援助を取り結ぶ主体は，国家（被援助国）となる。具体的には，首都に存在する政府である。しかし，紛争中には，優秀な国家官僚やテクノクラート，知識階級などは，紛争の惨禍を逃れるため多くが国外へと去って行った。そのため，紛争から立ち直ろうとする時，中央政府の大臣等の政策決定者や，国家行政機構の中枢には，海外からの帰還者を多く取り込むことになる。彼らの多くが，海外，特に欧米での高等教育を受け，その文化の中で数十年近く生活をしてきた者たちである。

2015年にアフガニスタン史上初めて，選挙によって政権交代を果たしたガニ政権の主要閣僚を例にとって見てみよう。現職のガニ大統領は，アフガニスタンの高校を卒業後，ベイルートのアメリカン大学で学士，さらにコロンビア大学にて修士号と博士号を取得した後，カリフォルニア大学バークレー校，ジョンズ・ホプキンス大学にて教鞭を執ったのち，世界銀行で勤務した経歴を有している。2人いる副大統領のうち，第一副大統領は元軍閥司令官[8]，第二副大統領はイラク，シリア，イランにおいて高等教育を受けている[9]。大統領に次ぐ地位にある行政長官およびその2人の副行政長官[10]は，全員元軍閥である。しかし，プロトコル上，大臣の上位に位置する国家安全保障問題担当補佐官[11]は，英国にて高等教育を受けた後，パキスタンにてアフガニスタン支援に関わる国際NGO の一員として働いていた。また，国家経済問題担当補佐官[12]は，17歳で難民となり，カナダで経済学博士を取得後，カールトン大学で教鞭を執っていた。外務大臣[13]，経済大臣[14]，運輸航空大臣[15]，農業灌漑牧畜大臣[16]，都市開発大臣[17]，鉱山石油大臣[18]，難民帰還大臣[19]，農村復興開発大臣[20]等が欧米やアジアにおいて学士，修士あるいは博士を取得している。

このように，大統領をはじめ，主要閣僚の多くが，海外で高等教育を受けており，また，各省の若手官僚や局長[21]も，欧米への留学機会等もあり，英語に堪能である。国連や各国ドナーとの会合や各種交渉にもあたっているため，「ガバナンス」等の国際援助における概念には非常に明るい。こう考えると，難民として国外で長い時間を過ごした政策決定者が，アフガニスタン地域社会の在り様に慣れ親しんでいるとは考えにくい。また，国外で高等教育を受け，英語に堪能な者にとっても，外来のガバナンス概念は，受け入れやすいものと考えられる。

では，農村部ではどうだろうか。元ムジャヒディンや農民たちは，英語については，ほとんど教育を受けたことが無い。ダリー語による基礎教育を受けていないものも多い。そうした中で，第２章および第３章で見たように，タリバン政権の崩壊，その後に続く巨額の国際支援を受けて以来13年を経てもなお，未だに農民たちは，地域に根付いた，行政機構ではないシューラを利用しながら，「どのように生活を安定させ，改善させていくか」に苦慮している。こうした農民や元ムジャヒディンにとっては，外来の「ガバナンス」という言葉については，ほとんどなじみが無い。現地で行ったインタビューにおいても，ガバナンスという言葉を，全員が知らなかった。

ガバナンスという言葉をキーワードに考えてみると，認識という側面で，国際社会と首都カブールの政策決定者や官僚たちは，外来のガバナンスという言葉を解する一方で，地方農村部では，それを全く解さないというような，知的断絶があると考えることができる。

首都と地方における知的断絶だけではなく，経済的格差も顕著である。実際，農村部の状況と首都の再建を比較すれば，各国・機関の巨額の援助資金が，農村部にまで届いているとは言い難い。首都における目覚ましい復興と経済発展は，都市におけるきらびやかな建物や，輸入商品を多数取り揃えた商店の乱立に端的に表れている。また，国際機関や各国大使館，援助機関などに勤務・関係する都市居住者は，高額なドル給与を得た結果としての生活の向上は明らかであるにも拘らず，農村部の生活環境の改善は，遅々として進んでいない（図4-1および4-2参照）。

もちろん，経済発展の度合いが首都と農村部で異なることは，どこの開発途上国を見ても同じであるといえる。しかし，紛争影響下にある国を見た時，農村部においては，難民や避難民として帰還した人々や農民が雇用や住居など生活の再建から始めなければいけない。他方，直近の過去に紛争を経験していない「通常」の途上国であれば，雇用機会やよりよい生活を求めての都市部への移住などの問題はあるものの，地方農村部住民は，一応の生活が可能な状態が

図4－1　首都カブールに建設されたコンクリート製の集合住宅
出典：筆者撮影（2015）。

図4－2　カラコン郡における土壁の住居
出典：筆者撮影（2015）。

継続しているのである。紛争影響下国では，国際社会からすれば，首都にある政府や行政機構の整備や機能強化を実施する一方で，地方農村部における生活再建の支援もしなければならず，直面する開発課題の中で，優先順位をどのようにすべきか，ということが問われることになる。しかし，既存の平和構築の議論においては，民主的な中央政府の建設，そして自由主義的経済体制の確立を通して，トリクルダウン的に経済発展と平和の配当が地方へと波及していくことを想定しているといえる。

地方農村部から首都カブールに来た者は，真新しい建物や多くの商品，行き交う人々の服装などから，首都の経済発展を実感するだろう。他方で，自分たちの生活空間である地方農村部では，土壁の家が主流であり，やっと電気の送電が始まりつつあるような状況との鋭い対比を感じるのではないだろうか。この点に関して，カラコン郡およびミル・バチャ・コット郡居住者に対して，首都の生活をどのように思うかと問うてみた。例えば，元ムジャヒディンとして戦っていたアブドル・サブールは，「都市には，多くの設備（生活インフラ）があって良いと思う。人々とカブールは発展している」と答えている[22]。しかし，都市の生活を手放しで称賛し，そこにあこがれを持っているかというとそうではない。調査対象者の多くが，都市部における雇用機会や電気設備や教育施設など各種生活基盤を望ましいとしつつ，都市生活においては，住居の賃貸や各種の物価の高さなどお金がかかることを指摘している。また，ある農村居住者は，都市部における環境汚染とゴミ問題を指摘する[23]ところなどは，地方農村部に住んでいてもなお，都市問題についての視点を持っていることを示している。都市における生活の利便性を認識しつつも，生活基盤が劣っても農村部の生活の容易さが，農村にあるとしているのである。

しかし，経済と生活基盤という点で見れば，都市と農村の格差が大きいと認識していることは，都市と農村の格差をしっかりと見ているともいえる。この格差は，都市居住者と農村部居住者との間の大きな経済的落差を具体的には意味している。そしてこの格差が，農村における中央政府への不満を作り出している一因となっている。国際援助資金が首都に流れ込み，中央政府や行政機構へ援助資金が回され，その過程で中央政府や国際機関，各国大使館や援助実施機関，国際 NGO で働くアフガニスタン人の多くがドル建て給与を得ている。他方で，地方農村部に居住する人々は，農作物による収入に頼りながら，農閑期には日雇労働をしながらでも現金収入を得ようとしている。平和構築のために政府や行政機構の能力強化，ガバナンス強化への支援は，そもそも地方，特に郡や村レベルにおける行政機構のプレゼンスの薄さから，すぐに地方農村部に肯定的な影響を波及していないのである。ここに「援助の実施」と「農民の生活の困難」という位相の「ずれ」を生んでいる。

国際社会および首都の政策決定者と国民との間の認識の「ずれ」，そして国民が見聞きする巨額の援助の実施と，実際の日々の農村の生活の落差という「ずれ」こそは，支援国に援助疲れをもたらし，国民に政府と国際社会への信頼を失わせる大きな素地となり，政府の統治を確立するために必要とされる国民からの支持を失わせる一因となっていると考えられる[24]。

2 ガバナンス認識をめぐる差異

ソシュールは，言葉の内部にある差異の働きが，意味を生むとしている。換言すれば，言語という記号が，現実世界に対しては，恣意的かつ論理的必然性のない，慣習に基づいて認識されるという[25]。これをガバナンスの文脈で考えて見れば，ガバナンスという外来の「言説」は，現実を言語化したものではなく，アフガニスタンの新しい現実を作り出す言語枠組みとなっていると考えることができる[26]。そして，知識は，経験とは不可分であり，特定の文化的状況とは無関係な知識など存在しないとするローティの指摘[27]は，アフガニスタンにおけるガバナンスを巡る言語を考察するうえでは有益な示唆を与える。西欧国際社会の経験の中から生み出された，しかしアフガニスタンにとっては外来の「ガバナンス」という言説は，アフガニスタンの文脈とは異なる国際社会の経験に依拠している。その外来のガバナンスという言葉が，アフガニスタンに輸入された時，ガバナンスは，アフガニスタンの文脈と経験に依拠した言説へと変質される。

コバーンは，アフガニスタン・カブール州北方イスタリフ郡の農村社会と国際開発に関し，自らの現地調査に基づいた事例を検討している[28]。コバーンは，イスタリフ郡内の村人たちによって構成されるシューラ，そして村落社会において，郡内の道路建設という開発計画がなんらの成果も生み出さない過程を分析し，それを「バザール・ポリティクス」と呼んだ。中央政府が，ドナーによる援助資金を得て，地域に資すると中央で企画した道路建設が，地域におけるシューラと地権者などによる反対で遅延し，結果として道路建設が進まない状況が，バザールにおける駆け引き，関係者両者が利益を得ようとする交渉，そして言葉とは裏腹な実態が酷似しているところを指摘したのである。

コバーンが，開発援助が地域社会における様々な利害関係に絡め取られる中で実現しない態様を地域社会の中から考察したことは，地域における社会の働きを明らかにした点に意義がある。コバーンの見た地域社会の働きは，アフガニスタンという文脈の中に根を下ろしたシステムによるものである。しかし，筆者は，ドナーと中央政府が拠って立つ視点，つまり「外部者から見える地域」と地域の人々の視点，「そこに住む者から見た地域」の相違とその両者の関係に注目したい。なぜなら，平和構築という取り組みは，外部者の視点と，地域に住む者の視点が交わった現場で展開し，それは，国際社会が依拠する文脈と，地域社会が依拠するアフガニスタンの文脈が交わる，あるいは交わらない点と考えるからである。

そこで以下において，ガバナンスという言葉を手掛かりに，国際社会と農村社会の視点の相違について，より深く考察してみよう。そもそも，ガバナンスという言葉は，アフガニスタンではどのように捉えられているのだろうか。英語のガバナンスと，そのアフガニスタン公用語のダリー語への翻訳に着目して考察してみる。

アフガニスタンにおいて，ガバナンスという言葉は，Daulat daari（دولت داری：ダウラトダリ：having state）あるいは Hukmat daari（حکومت داری：フクマトダリ：having government）と一般に訳されている。アフガニスタン政府国家安全保障問題担当補佐官補[29]，および財務省局長へのインタビューにおいても[30]，ガバナンスに対応するダリー語訳として，Daulat daari あるいは Hukmat daari とされていた。また，地方へ派遣される公務員や中央の公務員のための研修を行っているアフガニスタン公務員研修所（Afghanistan Civil Service Institute）所長も，ガバナンスを，国連の通訳が英語からアフガニスタン公用語であるダリー語，あるいは逆にダリー語から英語に通訳する際にも，ガバナンスは，Daulat daari あるいは Hukmat daari と訳している[31]。ここから，官僚や首都カブールにおける実務レベルにおいてガバナンスという言葉が「having state」あるいは「having government」と訳されていることが分かる。

では，次に2015年の大統領選挙において，当選したガニ候補の選挙マニフェストを見てみよう。2015年の大統領選挙は，タリバン政権が崩壊した後大統領を務めてきたカルザイの後任の座をめぐって激しい選挙戦が展開された。その選挙戦において，国民に政策の訴えをまとめた文書が大統領選挙におけるマニフェストである。同マニフェストは公開され，これに基づいて全国の有権者への訴えが行われたのである。ガニ陣営は，同マニフェストにおいて，ガバナンスを Hukmat daari と訳している(32)。マニフェストは，国民に少しでも自らの政策を分かってもらうために，平易な文章で書かれている。国民へ支援を求めるマニフェストにおいて，ガバナンスという言葉は，Hukmat daari，そしてグッド・ガバナンスが Khub hukmat daari（Having good government）とされている。

このように，外来の言葉であるガバナンスという言葉は，首都カブール等の公的な場においてダリー語に訳される際に，Daulat daari あるいは Hukmat daari と訳される。ガバナンスという言葉を，Daulat（state：国家）あるいは Hukmat（government：政府）という単語に，Daari（Having）を付けて訳しているのである。ここで注意すべきは，Daulat および Hukmat という言葉は，それぞれが，「国家」あるいは「政府」を意味しているということである。Daulat daari あるいは Hukmat daari と訳すことは，「国家がある」あるいは「政府がある」ということになる。しかし，ガバナンスとは，「国家がある」あるいは「政府がある」という言葉と同義とはいえないだろう。ガバナンスを，「国家がある」，あるいは「政府がある」状態についてと解してしまえば，それは第1章で言及した佐藤章の指摘の通り，ガバナンスではなく，ガバメント論となってしまうのである(33)。しかし，ここで強調したいことは，首都カブールにおけるガバナンスという外来語の翻訳は，国家あるいは政府が「有る」ということに焦点が当たってしまっているということである。

「国家がある」あるいは「政府がある」という訳は，平和構築に向けた取り組みの中で，民主的政府や市場経済という体制を作る，という政策を実施するうえでは，非常に適した訳といえる。なぜなら，紛争影響下にある国が，新しい国家や政府を立ち上げようとすることは，まさしく，国家あるいは政府を作ることを意味しているからである。国家や政府とは，具体的には，選挙で選ばれる行政の長であり，国会である。そして，法の支配を実現するための裁判所や検察，法執行機関としての警察機構の整備である。また，市場経済を実現するための法整備，制度整備などは，総じて国家あるいは政府を作るという取り組みと解釈することができる。その意味で，ガバナンスという外来語のダリー語訳として，「国家がある」あるいは「政府がある」という翻訳になることが理解できる。[34]

しかし，すでに第2章において見てきたように，政治学そして平和構築におけるガバナンスという言葉は，政府の機能や権威，プロセスに着目して利用されていている。具体的には，「政策形成と実行によって，いかに政府が経済と社会を成功裏に采配するか」[35]と政府の機能に注目する定義や，「一国において権威が行使される伝統と制度」[36]とする定義である。世界銀行も，「開発のために一国の経済的および社会的資源を管理する際に行使される権力行使の方法」とする。[37]「権力行使の方法」とする点において，ガバナンスの主たる対象は政府が想定されると考えることができるだろう。それに対して，UNDP は「権力行使の方法，人々の関心事項に関する決定の仕方，市民による関心表明，権力行使，義務遂行，差異の調整の仕方を決定する機構，過程，そして制度」[38]と定義しており，「機構，過程，そして制度」という，ガバナンスに関連するより幅広い側面を包摂しようとしている。

このように見てみると，外来の言葉としてのガバナンスは，単に国家，政府が存在することを意味しているのではない。国家あるいは政府による権力行使の「方法」や，それに関連する機構，過程，制度の在り方を包摂しようとしているのであり，国家や政府があることが焦点ではない。従って，国際社会が「ガバナンス」の改善や向上，具体的には，「権力行使の方法」や「社会における調整のための仕組みの改善」，を被援助国であるアフガニスタンに求める時，アフガニスタンの首都側では，「国家」あるいは「政府」の在り方の改善と向上と理解される。カブールにいる政策決定者や官僚にとって，ガバナンスの改善は，国家あるいは政府をいかに効率的，効果的にするかに焦点が当たるように変容しているのである。一方で，国際社会は，配分の仕方や調整の仕方の改善を求めている。ここには，国際社会と首都カブールとの間で，ガバナンスに関する視点が必ずしも一致していないことを示していると考えられよう。

では，地方農村部におけるガバナンスはどのように理解されているのか，を見てみよう。筆者がカラコン郡およびミル・バチャ・コット郡において，農民，元戦闘員，そしてシューラのメンバーにガバナンスという言葉を知っているかどうかを聞いたところ，全員が Daulat daari あるいは Hukmat daari という言葉を知らなかった。「国家がある」あるいは「政府がある」という意味の言葉は理解するが，それが特別な「配分の仕方」や「仕組み」を意味しているという理解ではなかった。そこで，村人たちに対して，公正な手法で，有益な政策を実施する政府あるいは統治機構の在り様をどのように表現するかを，村人たちに問うたところ，khub Daulat（良い国家），khub Hukmat（良い政府），あるいは khub Shura（良いシューラ）など，単純に「良い」という形容詞を後続する名詞に前置する回答であった。

これらの回答からは，権力行使の方法や，その制度や機構等の仕組み，というよりも，自分たちの生活のために，「良い」ことをしてくれる主体かどうか，が判断基準となっているように思われる。

タリクはアフガニスタン南西部における治安と司法システムに焦点を当てた事例において，地域に根差した機構の強さとその参加型の民主的手続きを指摘していた[(39)]。つまり，農村社会を含め，アフガニスタンの大多数の国民が居住している地域の意思決定機構であるシューラへの住民からの支持と，シューラを中心にした意思決定機構の参加的運営を評価しているのである。また，ラムは，国際社会は「理念型としての良い統治」と「アフガニスタンの現状」を比較して，同国の現状が西側の考えるスタンダードに達していないと考えるのに対して，アフガニスタンの人々は殺人や戦闘が蔓延していた「かつてのひどい状況」と汚職や公金横領があるかもしれないが殺人は蔓延していない「今のアフガニスタン」を比較しているのではないかと指摘している[(40)]。換言すれば，ラムは，国際社会がアフガニスタンの支援を考える際に，「ガバナンス」の理念型を念頭にアフガニスタンの現状を考える傾向を問い直している。つまり，アフガニスタンの人々が，日々の生活の中で，地域で必要とする問題解決や意思決定のために，行政（公的ガバナンス），シューラ（非公的ガバナンス），さらには時としてタリバン（違法なガバナンス）まで織り交ぜて利用している現状を指摘する。このような現状に対して，国際社会は，自らが理想とする「ガバナンス」とは違う統治スタイルをも肯定する「不愉快な妥協（uncomfortable compromises)」もする必要があると指摘しているのである。このラムの指摘は，外来語としてのガバナンスに依拠するのみでは，現地における多様な状況を見誤り，ひいては，国際援助が目的とする，紛争影響下での安定した国と社会の実現を危うくすることを示唆しているといえよう。そして，不愉快な妥協とは，地方農村部においては，「それなりのガバナンス」へと視点を向けることを意味するのである。

3　フォーマルな政府とインフォーマルな農村社会

1979年以降の対ソ戦，そして1992年4月のナジブラ政権崩壊，それに続くムジャヒディン各派によって構成されるムジャヒディン政権と内戦，さらに1994年頃からのタリバン政権と反対勢力による抵抗という一連の歴史的流れは，アフガニスタンにおける国会システムの崩壊の過程であったと見ることができる。遠藤は，ソマリアを事例としつつ，対外的な機能を国家（state），国内統治機能を政府（government）として区分し，国際関係においては，主権を有すると仮定される国家という枠組みの認知が，国内を統治する政府が崩壊しても継続していることを指摘している[41]。

遠藤の指摘する「国家」と「政府」の区分をアフガニスタンに当てはめてみれば，1979年以降，国際社会における認識では，国連での議席を含め，アフガニスタンの既存の国境と領域を伴った「国家」があると仮定されつつも，国内を統治する「政府」は，1979年以降崩壊の過程を辿ったといえる。そして2001年12月以降，アフガニスタン移行政権および暫定行政機構が設立されると，この時から，「国家」としてのアフガニスタンにおいて，「政府」が設立される過程が始まったといえる。巨視的に見れば，アフガニスタンにおいて，対外的認識における「国家」と，国内的統治を行う「政府」が2001年を境として，両者を再び保持した，アフガニスタンという空間領域が誕生することになったのである。

しかし，前章までに検討してきたように，国際社会，そして枠組みとしてのアフガニスタン「国家」認識，それに伴う国家主権の仮定と，国内統治機関としての「政府」の在・不在は，人々の生活レベルにおいては，ほとんど意味をなしていなかった。1979年以降の政府崩壊の過程においても，カラコン郡およびミル・バチャ・コット郡の人々は，国際関係における Daulat（国家），国内統治における Hukumat（政府）がどのようなものであろうとも，ある時は武器を取ることによって軍閥，ムジャヒディン各派から給与をもらい[42]，ある時には，農地においてほぼ自給自足の生活を送ってきたのである。Daulat および Hukumat がいかに変わろうとも，その農民たちの日々の問題を，変わらず取り扱ってきたのが，第3章で見たマルドミとして呼称される，地域におけるシューラだったのである。だからこそ，農村部における自己統治機構としてのマルドミは，時々の政府を見極め，利用することが可能だったと考えられる。2001年以前であれば，共産政権とムジャヒディン各派支配地域，あるいはタリバン政権と国連で議席を持つ北部同盟支配地域という Daulat（国家）が複数存在していた。そして，Hukumat（政府）に対しては，国際社会側には，冷戦を背景として国家主権を前提とした内政不干渉原則が適用され，タリバン政権期には，「忘れられた紛争」として，国内統治のための政府に対して援助がほとんど適用されてこなかった。国際社会による直接的な介入が抑制された状況の中で，農村部の人々は，能動的に行動し，村が支持する先を自ら決定し，そこで給与や保護を獲得していったのである。2001年以降は，国家（Daulat）と政府（Hukumat）が整うわけであるが，対ソ戦と内戦を経験した農民たちにとって，頻繁に政権が変わってきた政府（Hukumat）の持つ重みは，先進工業諸国に住む私たちの政府認識に比べれば薄いと考えられる。

アフガニスタン農村部における納税は，1979年頃を最後に，農民から政府に対して支払われていない。経済学の視点を持てば，近代国家の成立と税制の関係性が指摘されるが，納税という行為は，政府を強烈に意識させるプロセスともいえるだろう。しかし，アフガニスタンにおける土地証書と土地登記と引き換えになされる納税は，共産政権初期においてすでに停止してしまった。以後

2014年に至るまで，土地証書および土地登記に基づいた課税システムは同国において構築されていない。これもまた，農民にとって政府（Hukumat）の存在を軽くする別の要因であろう。

そして第2章で検討したように，農民たちにとって，Hukumat（中央政府）から派遣されてくる郡知事は，地域の実情を知らないよそ者，あるいは地域出身であっても，公的権力はあるものの，マリクに比べれば地域の実情をよく理解していない存在である。だからこそ，郡知事を公的権威付けとして利用し地域の要望を実現しようとするのである。他方，中央政府もまた，「公印」をシューラに交付していくことで，シューラを Hukumat（中央政府）へと取り込み，中央政府の準構成組織化することを模索する。

こうして見ると，ガバナンスという言葉が，Daulat daari あるいは Hukumat daari と訳されていることが農民たちにとって非常に意味の軽い言葉になっていることに気付く。また，他方で，国際社会が，多額の支援を行い，Hukumat（政府）の強化，Daulat（国家）の尊重をしながら支援をしても，それが農村に届いていないと認識される状況が，農民たちの間で一層 Daulat や Hukumat の重みを失わせていることになると考えられるのである。しかも，Hukmat が汚職をしていると国民の多くが認識している現状は，人々の間に公的な Hukmat への信頼を失わせ，マルドミによる自己統治，シューラによる意思決定を重視する姿勢を生み出しているといえる。このような視点，理解のずれが最も鮮明に表されているのが，国際社会，首都，そして農村部における「ガバナンス」という言葉の理解なのである。

註

(1) Hayashi, Yutaka, 'A Peacebuilding from the Bottom: Daily Life and Local Governance in Rural Afghanistan,' *Islam and Civilisational Renewal*, International Institute of Advanced Islamic Studies, Vol. 5, No. 3, 2014, pp. 317-333.

(2) 第1章で見たように，平和構築という取り組みが，「民主化」と「市場経済」と具体的政策に翻訳されるのである。

(3) オン・バジェット支援とは，一般的には直接財政支援を指し，ドナーとしての国連や援助実施機関が，被援助国の国家予算に直接資金を提供することで，援助資金を被援助国の国家予算手続きの中で使用する手法である。これは，援助効果向上のために，被援助国が持つ現地システムを利用するという，近年の国際援助潮流に沿った政策である。また，今までの主流であった，プロジェクト等による国際援助は，相手国政府の予算外で行われるため，オフ・バジェットと呼ばれる。

(4) SIGAR, *High-Risk List*, December, 2014.〈https://www.sigar.mil/pdf/spotlight/High-Risk_List.pdf〉（最終アクセス：2015年 8 月30日）

(5) 2002年から2014年までに，米国単体で77億ドルの直接財政支援がアフガニスタンに提供されている。SIGAR, *High-Risk List*, p. 19.

(6) The Washington Times, '"Afghanistan Corruption Severe Problem", U. S. Watchdog Says,' *The Washington Times*, May 14, 2014.

(7) 米国は，2002年以降の対アフガニスタン支援における最大の援助国である。2002年以降から2014年12月段階で，米国だけで，1,040億ドルの対アフガニスタン支援が行われている。

(8) ラシッド・ドスタム第一副大統領は，少数民族ウズベク系の元軍閥であり，ガス工場で働く労働者であったが，1978年以降，共産政権側の武装集団の中で頭角を現し，軍閥司令官となった。

(9) サルワル・ダニッシュ第二副大統領は，少数民族ハザラ系に属し，テヘラン大学でイスラム法修士を取得した後，言論，出版界に身を置いていたが，2002年にアフガニスタン緊急ロヤ・ジルガに参加した後，憲法起草委員会委員，高等教育大臣，州知事，司法大臣等を務めた。

(10) アブドラ・アブドラ行政長官は父親は主要民族のパシュトン系だが母親はパシュトンに次ぐ民族集団のタジク系である。タジク系の政党，軍閥組織であるイスラム連盟に属し，ムジャヒディン政権期には，国防省広報官，その後外務大臣代行等を務めた。2001年以降は外務大臣等となった。モハマッド・ハーン第一副行政長官（パシュトン系），モハマッド・モハキク第二副行政長官（ハザラ系）は，ともに軍閥司令官。

(11) ハニフ・アトマール国家安全保障問題担当補佐官（パシュトン系）は，1992年まで，共産政権側で戦い，片足を失う。1992年カブールがムジャヒディン側に陥落し，英国へ留学。ヨーク大学で修士号を取得後，パキスタン・ペシャワールにて国際 NGO の一員として勤務。2002年，暫定行政府が設立されると，農村復興開発大臣，以後，教育大臣，内務大臣を歴任。

(12) オマル・ザヒルワル国家経済問題担当補佐官（パシュトン系）。

(13) サラフディン・ラバニ外務大臣（タジク系）。

(14) アブドル・サタール・ムラド経済大臣（タジク系）。

(15) モハマドラー・バタシュ運輸航空大臣（タジク系）。

(16) アサドラー・ザミール農業灌漑牧畜大臣（パシュトン系）。

(17)　サダト・ナデリ都市開発大臣（タジク系シーア派）。

(18)　ダウド・シャー・サバ鉱山石油大臣（パシュトン系）。

(19)　サイード・フセイン・アラミ・バルヒ難民帰還大臣（タジク系シーア派）。

(20)　ナシール・アーマド・ドゥラニ農村復興開発大臣（パシュトン系）。

(21)　アフガニスタン各省には，事務次官は存在せず，各省の官僚トップは，数名からなる各担当部局の局長である。局長の上には，副大臣，大臣となる。

(22)　アブドル・サブール（2013年5月24日聞き取り）。

(23)　モハマド・ヤシン（2013年5月24日聞き取り）。

(24)　駐留外国軍による PRT（Provincial Reconstruction Team）や国際援助において，地方農村への支援がなされなかったわけではない。しかし，農村部への支援は，援助の公平性，中立性を担保しようとすると，地域社会の実情をよく踏まえなければならず，実際に農村部で援助を実施することは困難が伴う。さらに，一つの地方への支援は，他の地方との関係において不平等を生んでしまう。結局，「農村部の支援」は全国一律にできるプロジェクトなど「無難な」事業が実施されることになってしまう。

(25)　ソシュール，フェフディナン・ド；影浦峡，田中久美子訳，『ソシュール一般言語学講義——コンスタンタンのノート』，東京：東京大学出版会，2007年。

(26)　フーコー，ミシェル；渡辺守章訳，『知への意思』，東京：新潮社，1986年。

(27)　ローティ，リチャード；野家啓一監訳，『哲学と自然の鑑』，東京：産業図書，1993。ローティの「何かについて語る」ことの例示は，言語と文化を異にする援助の現場での相互不理解を彷彿とさせる。同書335～336ページ。

(28)　Coburn, Noah, *Bazaar Politics: Power and Pottery in An Afghan Market Town*, Stanford, California : Stanford University Press, 2011.

(29)　アフガニスタン政府国家安全保障問題担当補佐官補との e-mail 交信（2015年9月18日）

(30)　アフガニスタン財務省政策局長へのインタビュー（2014年）

(31)　国連通訳へのインタビュー（2013年10月22日）

(32)　روشنم موادت و لوحت p. 61.　Ghani, Ashraf, *Manifesto of Change and Continuity Team*, Kabul, Afghanistan, 2014, p. 35.

(33)　佐藤章，『紛争と国家形成——アフリカ・中東からの視角』，千葉：日本貿易振興機構アジア経済研究所，2012年。

(34)　邦語では，「ガバナンス」とカタカナ書きされている。そして，それを日本の農民は理解しているかといえば，理解しているとは言い難いだろう。しかし，ダリー語において，誰もが理解できる言葉で「国家がある」「政府がある」という言葉に訳されていることは，「人々の理解」と「ガバナンスの概念」の差を一層広げることになっている。

(35) Pierre, Jon, and Guy Peters, *Governance, Politics and the State*, N. Y.: St Martin's Press, 2000, pp. 1-2.

(36) Kaufmann, Daniel, Aart Kraay and Pablo Zoido-Lobaton, *Governance Matters*, World Bank, Policy Research Working Paper 2196, Washington, D. C.: World Bank, 1999.

(37) World Bank, *Governance and Development*, Washington, D. C.: World Bank, 1992, p. 1.

(38) UNDP, *A Guide to UNDP Democratic Governance Practice*, N. Y.: UNDP, 2010, p. 14.

(39) Tariq, Mohammad Osman, *Tribal Security System (Arbakai) in Southeast Afghanistan*, Occasional Paper No. 7, Crisis State Research Centre, London School of Economics, December, 2008.

(40) Lamb, Robert D., *Formal and Informal Governance in Afghanistan*, Occasional Paper No. 11, The Asia Foundation, 2012.

(41) 遠藤貢,「機能する『崩壊国家』と国家形成の問題系――ソマリアを事例として」佐藤章編,『紛争と国家形成――アフリカ・中東からの視角』, 千葉：日本貿易振興機構アジア経済研究所, 2012年, 179～182ページ。

(42) キーンは, シエラ・レオネを事例として, 戦闘が続くことが, 武力を保持する者の収奪と富の蓄積を可能にし, それが武力保持者あるいは紛争当事者の経済的利益として認識されることで, 紛争を継続させるインセンティブを与えていたと指摘する。キーンの指摘する「戦争経済」は, 武力保持者が管轄する地域および新たに支配下に置いた地域の住民たち等から武力と暴力を道具として収奪を行い, 富の蓄積と経済的利潤の蓄積を図るプロセスを指摘した。しかし, アフガニスタンにおいては, 紛争当事者が支配地域から収奪を行ったとされるものの, 農業国家であり, なおかつ, 天然資源もほとんどないとされていたアフガニスタンにおいては, 紛争を継続する資金は主として米ソから供給されていたのであり, 国際関係の中において, 紛争当事者は資金を得ていたのである。従って, アフガニスタンにおいては, 軍閥の暴力を道具とした住民からの収奪が大規模かつ一般的に行われ, 地域戦争経済が生まれたとは言い難いだろう。しかし, 中央政府が禁じるケシ栽培を, 支配地域で栽培させることで, 反政府武装勢力が活動資金を得るという構図は成り立つだろう。Keen, David, 'War and Peace: What's the difference?' in Adekeye Adebajo, Chandra Lekha Sriram, (eds.) *Managing Armed Conflicts in the 21st Century*, Special Issue of *International Peacekeeping*, vol. 7, No. 4 (Winter), 2000.

終　章
紛争影響下の自己統治のメカニズム

1 「紛争国」という概念と地方の自己統治

本書では,「政府が崩壊していくような中で，地方農村部の人々の社会生活を維持することを可能にしてきた『メカニズム』は何か」という問いに対して，紛争影響下国において，シューラが，人々の社会生活を維持してきた地方の自己統治メカニズムとして機能していることを明らかにした。これは，既存の平和構築をめぐる議論において,「それなりのガバナンス」という視点から，地方の自己統治を位置づけることであった。また，既存研究において地方自治の主体としてのフォーマルな地方自治体という想定の転換を迫るものであった。

序章において本書の問題意識と問いを明確にしたのち，第1章では，既存研究の検討を行った。そして，国家制度の再建を中心とする既存の平和構築に関する主流な議論における問題点を指摘した。第2章では，農民たちの生活の一端を，半構造化インタビューによって描き，地方における自己統治が行われる場としての農村の様子を明らかにすることで，考察対象である地方の自己統治が行われる農村という場を検討した。また，紛争国というラベルが，アフガニスタン全土を単純化してしまい，各地域の差異を見えなくすることを指摘し，外部者が持つ認識と内部者が持つ認識の差異を明らかにしてきた。次いで第3章では，インフォーマルな地方の自己統治メカニズムが，国家の役割を代替，補完していることを述べ，農村における自己統治がどのように行われているかを明らかにした。そして，平和構築における地方の自己統治メカニズムが「それなりのガバナンス」を提供する主体として果たし得る役割を示した。最後に

第4章において，ガバナンスという言葉を手掛かりに，フォーマルな政府とインフォーマルな地方の自己統治機構を対比させ，外部者には見にくいメカニズムとしての地方の自己統治を明らかにした。

2　脆弱なガバナンス下での自己統治

1970年代から内戦の中に置かれてきたアフガニスタンは，現在もなお，タリバンをはじめとする反政府武装勢力との戦いが行われている。カラコン郡およびミル・バチャ・コット郡に隣接するパルワン州でも，州知事庁舎を狙った攻撃が発生しており，現在のアフガニスタン政府に対抗する勢力が地域に存在していることを示している[(1)]。第2章で見たように，2001年以降，米軍をはじめとする国際治安支援部隊の戦死者は3,000人を超える戦闘を展開してもなお，アフガニスタンにおいて安定的な平和を作り出すことに成功していない。そして，米軍をはじめとする国際部隊やアフガニスタンの治安部隊が厳重に警備する首都の外，農村部に暮らす人々は，紛争の影響の下に暮らしている。

しかし，第2章で明らかになったことは，紛争影響下にあるとしても，地域に暮らす人々は，生活を維持し，改善していこうと生きていることであった。もちろん，中央政府のクーデターによる転覆や，国内紛争は，農村部に暮らす人々に影響を与えていることも明らかである。生活基盤である農地の所有証明書は紛争の中で紛失や焼失にあっており，土地所有の証明は，農村部における大きな問題の一つである。それでも，2001年以降，国際的に承認された中央政府が樹立されたことは，カラコン郡およびミル・バチャ・コット郡の地域社会の生活を大きく改善させた。農民や元戦闘員たちは自らの農地と居住地に戻り，家を再建し，さらには携帯電話すら所持するようになった。地域は平和になったとはいえない側面があるが，人々は紛争影響下社会において，生活を営んでいるのである。このことが示唆していることは，「紛争国」という言葉が，私たち外部の人間の認識に一面的な影響を及ぼしているということである。つまり，アフガニスタンが紛争中であるという報道や，同国の平和構築に関する文献から，私たちはアフガニスタン「全土」が紛争中であるように認識しがちである。しかし，実態は地域によって紛争の影響の度合いが異なり，なおかつ，紛争の影響下にあっても，都市や農村部に暮らす人々は生活を営んでいる。「紛争国」や「脆弱国」，そして「平和構築」という言葉と概念は，私たちの目を，そこに暮らしている人々の生活から逸らさせる。報道される多くの難民や国内避難民の数は，私たちの認識の容易な単純化を招きがちである。本書においてまず明らかにしたことは，紛争の影響下にあっても農民や農村部居住者たちが日常生活を，自らの経済問題や雇用の難しさに直面しながら営んでいるということであり，それは，「紛争国」という一面的な理解から漏れてしまっているということであった。

第2章において，農村部における農民や元戦闘員たちの生活を明らかにしたうえで，第3章では，農村部に根付いた地域の自己統治機構，シューラに着目して検討した。紛争影響下国といっても，地方農村部において人々の生活があり，そしてその人々の生活，そして地域社会を維持・運営していくためのインフォーマルな「自己統治」のメカニズムとしてシューラが存在していたのである。こうして中央政府がどのような状態にあろうとも，地域において秩序を維持し，村の人々を纏め上げる「自己統治」が，農村部の人々によって運営されてきたのである。シューラの弱みとしては，予算を持っていないため，公共事業などを行う必要がある際には，国家行政機構に予算措置を申し入れざるを得ない点であろう。また，シューラ自体が汚職しているとされる地域もあるといわれ，シューラが健全に機能することが，制度的に担保されているわけではない。健全に機能するかどうかは，住民による監視と関与が必要とされるのである。

本書で調査対象としたカラコン郡およびミル・バチャ・コット郡では，フォーマルな行政機構として郡知事と郡行政府が存在しているが，住民の監視と関与によって，シューラはインフォーマルな「自己統治」機構として公的な行政機構を補完，代替している姿が明らかになった。

また，農村部に存在しているシューラという「自己統治」メカニズムが，中央政府をはじめとする Hukmat（公的な行政機構）に属するのではなく，マルドミ（インフォーマル・システム）として人々に認識され，機能していることを明らかにした。クーデターや内戦など，中央政府の行政機構が時代によって変遷していく中で，そして，紛争の影響下で，農村部の人々は，公的な行政機構に属さない形で地域社会を維持・運営していたのである。そして地域社会は，地域の問題を解決し，地域における生活を改善してくために，中央政府や政治家を積極的に利用していく能動的な主体性を持っていた。

平和構築をめぐる既存の研究は，中央政府の行政機構や法の支配の確立に向けた，ガバナンスの向上に焦点を当てるリベラル・ピースの議論が主流となっている。このような平和構築の主流に対する反論[2]として，地域に根付いたシステムを利用して平和構築をしていく議論が展開され，ハイブリッド型の平和構築論も議論されている。

しかし，本書で議論したことは，トップダウン，ボトムアップ，あるいはハイブリッド型の平和構築という既存の議論，つまり，外部者が想定するグッド・ガバナンスなどの既存概念を一旦脇に置き地域社会を見ることの重要性である。既存の地域社会がインフォーマルでありながら，フォーマルな行政を補完，代替する「地方の自己統治」を担う主体として活動していることは，選挙を経た議会の新設など，パラレルな制度を地方に作り出すのではなく，既存のシステムが果たし得る役割があるということを示している。平和構築における取り組みの中で，中央政府の再建や行政機構の機能強化というフォーマルな制度にのみ焦点を当てることは，地方農村部においてインフォーマルな「自己統治」を担っている実態を看過することになってしまうのである。中央政府が崩壊していくような状況にあってもで，インフォーマルな「自己統治」メカニズムこそが，地方農村部の人々の生活を維持することを可能にしてきたのである。脆弱国や紛争国，そしてポスト・コンフリクト国における平和構築において，中央政府の再建や法の支配の確立というナショナル・ガバナンスの重要性は明らかである。同時に，全国的な安定を目指すためには，既存の地域社会への視点も重要である。そして両者を同時に遂行していこうとするハイブリッド型の平和構築という議論は，トップダウンとボトムアップという援助における二元論的対立を解消する平和構築の手法の1つといえるだろう。しかし，本書で強調したいことは，既存の地域社会の強さと同時に，インフォーマルな「自己統治」主体を，新たに形作られていく中央政府と有機的に結び付けていくことが，地方における平和構築と開発に大きな意義を有している事例があるということであった。シューラを通した自己統治システムが，国家や行政に働きかけるネットワークは，地方と中央をより有機的に結び付ける可能性を持っている。

第4章で論じたように，現在，既存の農村部のマルドミ（インフォーマル・システム）として認識されているシューラ，地方農村部における「自己統治」機構は，Hukmat（政府）（フォーマル・システム）と制度的，有機的に関連付けられていない。しかし，2001年以降に樹立された新政府に対して，地方農村部のシューラは，1970年代以降の内戦期においても機能し続け，現在もなお，住民たちの日々の生活の向上と改善のために営まれ続けている。そしてシューラが「自己統治」を行政に代わり行うことができる理由は，住民からの信頼と支持であった。ここには，中央政府の汚職，脆弱なガバナンスという現状と，既存の農村社会の強さと地域に根付いた運営とが，鋭い対照をなしている。

中央政府の深刻なガバナンス状況や汚職に焦点が当てられ，ガバナンス強化をドナーが強力に支援している一方で，地域に根付いてきたシューラによる「自己統治」は，既存の国家中心的な分析視角から抜け落ちている。「紛争影響下国」という言葉は，単一なイメージを作り出す影響力を持っている。同様に，ガバナンスという言葉は，先進国における理解に基づいて，その意味内容に関する統一的理解を暗黙の裡に仮定してしまう。ガバナンスという言葉に慣れ親しんだ国際社会，首都の政策決定者や官僚たちがいる一方で，ガバナンスという言葉すらも知らないが，地域の自己統治機構としてのシューラを信頼，支持し，その決定を権威あるものとして受け入れる農民や元戦闘員がいる。しかも，国際社会が理解する外来語としての「ガバナンス」と，アフガニスタンの政策決定者や官僚たちが理解する「ガバナンス」にもずれがある。それは，紛争の影響下にある国家と社会においては，新しい中央政府を強化していくだけではなく，紛争の中でも営まれてきた，既存のローカル・ガバナンスを改めて見直す必要性を示している。平和構築の議論において発展してきた先進国的な理解とは異なる，別の形のガバナンス形態があることを理解する必要があるだろう。ローカル・ガバナンスを平和構築という文脈で見直した時，シューラに代表される既存の「自己統治」機構が現在持っている国会議員や国家行政機構とのインフォーマルな結びつきは，新しい可能性を持っていると考えられる。このインフォーマルな結びつきを制度化して中央政府と結び付け，地域のニーズや問題をくみ取り中央政府へと伝えていく流れを作り出すことが，地方農村部に住む人々の生活の改善と，満足を生み出し，紛争影響下の国の安定を作り出す基盤となっていくと考えられる。

3　新たな平和構築に向けて

本書では，第1章で見たように，アフガニスタンにおける1970年代以降の紛争と内戦の過程で政府が崩壊していくような中で，地方農村部の人々の社会生活を維持することを可能にしてきた「メカニズム」は何か，という問いに基づいて，アフガニスタン・カブール州北方2郡を事例として検討してきた。1979年以降の対ソ戦において，次第に中央政府が地方の領域支配を失っていき，さらに，国家による武力の独占が崩れていく中でも，住民が支持する伝統と制度としてのシューラは，地域の人々が直面する問題に対して議論し，権威を以て決定を下す自己統治のメカニズムとして営まれてきた。

国際社会が理念型として想定するガバナンスは，男女平等で定期的に実施される選挙に基づいた政治体制を前提とする。従ってシューラのような選挙に依拠しない，なおかつ男女の平等が制度的に保障されていない非公式な機構による地方の自己統治は，選挙を経た公的な政治制度へと変換させるべきとする反論もあるだろう。確かに，農村地帯におけるシューラは，既存の民主的政治制度，つまり成人男女による無記名秘密投票によって形成される自己統治機構ではない。

しかし，本書において調査した地方農村部では，地方行政機構というガバメントを，住民の積極的な参加と関与，そして信頼と支持というローカル・ガバナンスが補完し，インフォーマルな自己統治が行われていた。話し合いによる選出，そして選出された代表やその決定に対する住民からの信頼と支持，さらに異議申し立てがいつでも可能な自己統治メカニズムは，国家機能が低下した紛争影響下国においては，フォーマルな地方自治が存在しなくても機能することができるものだったのである。政府が崩壊するような紛争影響下であっても，直接民主制に近いローカル・ガバナンスが地域には存在することが可能だったのである。確かに，シューラは完全ではない。予算を持たないこと，健全に機能させるには住民の監視と関与が不可欠であること，地方の自己統治機構であるがゆえに，国内紛争の解決や国家の政治に対して大きな力を持たないことなどの弱みは，シューラが国家と補完，協力していく必要性を意味する。しかし，地域に根付いた，それゆえに外部者にとっては見えにくい自己統治機構は，新しく樹立された中央政府や再建された行政機構に比べ，人々に支持され，地域の自治を担ってきた伝統と歴史があり，それを生かすことが平和構築における実践において，積極的な役割を持つものということができる。

紛争影響下社会のような，平和構築への取り組みが求められるような状況では，地方農村部の人々は，「それなりのガバナンス」を，地域に根付いた自分たちの伝統と制度に依拠して運営し，自己統治を行ってきた。紛争影響下において，脆弱な国家制度とは対照的に，地方において秩序とまとまりを持った農村社会を維持，運営していたのは，このようなローカル・ガバナンスに基づいた自己統治だったのである。そして，地域に根付いたローカル・ガバナンスへの着目は，国家制度中心であった既存の平和構築を巡る議論と実践において，新しい可能性を示唆しているといえる。

本書で考察対象としたカラコン郡およびミル・バチャ・コット郡における事例は，アフガニスタンのすべての地方農村部を代表するものではない。従って，本書における地方農村部の検討をアフガニスタンのすべての農村部に適用できると考えることは，農村部の在り様を単純化するシンプリフィケーションに陥ることにつながる。地方農村部のシューラも，住民同士の対立等によって機能しない，あるいは弱体化している事例も散見される。しかし，政府が崩壊し，全国で行政サービスの提供ができなくなっていくような状況であっても，地方農村部において自治を担うことができるシューラを中心としたローカル・ガバナンスの事例は，平和構築の議論に新しい光を投げかけるものであるといえる。

農村地域に根付いた自己統治機構を，平和構築に向けた取り組みの中でどのように位置づけるか，その手法の精緻化と一般化のためには，今後のさらなる実証研究の積み重ねと理論化に向けた取り組みが要請される。しかし，紛争影響下にある国家という画一的な視点ではなく，紛争影響下であっても営まれている人々の生活と社会という別の視点を持った時，地域に根付いた社会制度を，紛争後に新たに作られていく政府機構に取り込むことへの方向性が見えてこよう。紛争影響下にある国や地域は一様ではなく，そこにある地域社会の態様も一様ではない。平和構築の実践において，安定的な国を作り出していくことの困難は，すでに多くの地域で観察されてきた。だからこそ，現地社会に存在する自己統治機構を，国家建設のプロセスに取り込んでいく試みを実践しつつ[(3)]，平和構築に関する理論的研究と突き合わせていくことが求められるだろう。その意味では，平和構築に関する俯瞰的な理解と同時に，地域社会を細かく見ていく視点との結びつきが，今後一層重要になっていくのである。

註

(1) 2011年８月14日にタリバンがパルワン州知事庁舎を襲撃した。当時サランギ知事は知事庁舎内で会議中だった。2014年２月に筆者がインタビューを行った際にも，サランギ知事は，パルワン州にも未だ反政府武装勢力がいること，そして反政府武装勢力がパキスタンをはじめとした外国が，教育程度の低い地域の若者を反政府武装闘争へと引き込んでいることを指摘していた。同時に，現在のアフガニスタン政府もまた，地域の人々の要望に十分応えきれていないことも言及していた。

(2) テンドラーは，住民参加型の開発において，「参加する人々」が地域の一般の人々ではなく，「地域エリート」の参加となっていることを指摘する。ミグダールの「強い地域社会」においても地域エリートに焦点が当てられているが，この視点は，地域がどのように運営されているかを詳細に見ることの重要性を示唆する。Tendler, Judith, *Turning Private Voluntary Organizations into Development Agencies : Questions for Evaluations*, USAID Evaluation Paper 12, 1982.

(3) スコットは，国民国家への統合から逃避し，国家から距離をとる人々の地，「ゾミア」を描き出している。Scott, James C., *The Art of Not Being Governed : an Anarchist History of Upland Southeast Asia*, New Haven : Yale University Press, 2009. スコット，ジェームズ・C，佐藤仁監訳，『ゾミア――脱国家の世界史』，東京：みすず書房，2013年。しかし，反政府武装勢力との戦闘の中，多額の国際支援が流入し，国家建設と平和構築が進められている時，人々が国家への統合を拒絶することは難しいだろう。

補　論
事例研究へのアプローチ

ある地域を事例として取り上げた時，しばしば問われることが，少数の事例を扱うことの意義についてである。少数の事例を扱うことに対する批判は，個別の事例研究に対する一般的な誤解に基づいているといえる。代表的な誤解とは，以下の５つを挙げることができるだろう[(1)]。

①具体的な事例の知識よりも，一般的，理論的知識の方がより価値が高い。
②個別事例に基づいた一般化はできない，従って，事例研究は科学的発展に貢献できない。
③事例研究は仮説を生成することに最適，つまり，全研究課程の最初の段階であり，他の研究手法は，仮説検証と理論構築に適している。
④事例研究は立証（verification）に関してバイアスを含む，つまり，研究者の先入概念を確認するという傾向である。
⑤事例研究はしばしば要約すること，そして事例研究から一般的命題および理論を引き出すことが困難である。

そこで，これらに対する反論を１つずつ見てみよう。まず①「事例よりも，理論の方がより価値が高い」とする見解に対しては，事例に基づいた知識と経験こそがあらゆる分野における専門家の核心であると指摘される。そのうえで，社会科学の分野では，将来を予測する理論が形成できず，いずれにせよ具体的事例に基づいた知見を提示することになり，事例研究は専門家が必要とする知識の生成に適しているとされる[(2)]。

②「一般化することができない事例研究は科学的発展に貢献できない」とす

る誤解に対しては，科学的発展の基礎としての一般化は過大評価されている一方で，例示することが持つ力，そして伝達という点に関しては，過小評価されているとする[(3)]。自然科学の分野においてすら，ガリレオの重力発見やダーウィンの研究など個別事例を詳細に観察することから理論が生まれていることは，個別事例のみでは一般化や理論化ができないとする批判が妥当しないことを示している。ポパーの反証可能性概念に従えば，「ハクチョウはすべて白い」という主張は，黒い白鳥という逸脱事例の発見によって検証される。このように，事例研究が科学的発展への貢献が可能であることを示している。

③「事例研究は研究初期の仮説生成に最適であり，他の研究手法は，仮説検証と理論構築に適している」とする見解に対しては，研究目的によって事例研究が仮説形成に最適なのか，仮説検証や理論構築に適しているかが変わるとされる。事例研究におけるサンプリング手法は，ランダムなものから，絞り込まれたもの，さらに逸脱事例の取り上げにまで分かれており，ランダムサンプリングは，研究対象に関する一般化を目的とする場合に適しており，他方で，逸脱事例を取り上げる場合には，既存理論の検証などに有益として，研究過程で，研究手法を区切る視点を正している[(4)]。

④「事例研究は立証に関して，バイアスを含み，研究者の先入概念を確認する傾向がある」とする指摘は，事例研究の科学性に対する疑義と見ることができる。しかし，実際の事例研究に従事してみれば，調査者が事前に持っていた概念や前提，仮説が，現場における観察によって覆される，あるいは，修正を余儀なくされることが頻繁に起こる。その意味で，事例研究は立証に対してバイアスがあるというよりは，先入概念の反証可能性に強みがあるということができる[(5)]。

そして最後が，⑤「事例研究はしばしば要約すること，理論化が困難」とする指摘に対して，事例研究における叙述（narrative）は，フィールドに近づくことによって得られるものであり，その詳細さから要約することが難しいという反論である。要約の難しさは，研究手法からきているというよりも，事例で研究される現実の特性によるものなのである。そして，長すぎる記述のために理論化が困難という批判，そして事例研究が理論化に適していないとする誤解は，事例研究が持つ既存理論の検証と反証可能性への強みを考えれば，妥当しないと反論できる。[6]

これら事例研究への誤解や批判とそれに対する反論は，事例研究という少数を対象とした質的調査が果たし得る学問的貢献を示している。同時に，現地に近接したフィールドワークが，調査者の持つ先入概念の修正，既存の理論や仮説の訂正を迫ることなど，研究者個人の成長も視野に入れた視点となっている。

社会現象の複雑さは法則定立のような一般化を困難にする点において，自然科学とは異なる。科学の分野においては，一般的な因果法則の解明により重点が置かれる。この影響を受け，社会科学においても，一般化を重視する立場と個別事象の説明を提供する立場の分裂がある。[7] しかし，1つの事例を分析するとしながらも，時間軸と空間軸を作り出すことで，1つの事例でも比較することが可能となる。つまり，考察する時期を2つ以上取ること（時間軸を増やすこと）によって，1つの事例の中でも，比較ができることになる。さらに，調査された1つの事例は，1つの空間軸を提供するのである。1つの事例研究が，別の地域にある事例と比較分析する基礎を提供することになるのである。[8]

もちろん，個別の事例研究が持つ意義と役割の強調は，事例研究が統計的な手法よりも優れているということを意味するわけではない。事例研究のような質的調査は，統計的手法に依拠した量的調査と相互補完の関係にあるといえる。しかし，「様々な角度から包括的に事象の展開過程を捉えられる」ことが事例研究の強みなのである。[9] 理論や量的研究に代表される，全体を俯瞰する研究の重要性は，開発研究のような学際的かつ実践的な領域においても，その重要性は明らかである。そこに，詳細な事例研究が浮かび上がらせる包括的な展開過程への理解が加わることで，平和構築や開発という実践と深く結びついた研究領域は一層有効な視座を得ることができるだろう。

註

(1) Flyvbjerg, Bent, 'Case study,' in Norman K. Denzin and Yvonna S. Lincoln, eds., *The Sage Handbook of Qualitative Research*, Los Angeles : Sage, 2011, p. 302.

(2) Flyvbjerg, *ibid.*, p. 303.

(3) Flyvbjerg, *ibid.*, p. 304-305.
(4) Flyvbjerg, *ibid.*, p. 307.
(5) Flyvbjerg, *ibid.*, p. 311.
(6) Flyvbjerg, *ibid.*, p. 313.
(7) Lange, Matthew, *Comparative-Historical Methods*, London : SAGE, 2013, pp. 2-3. 一般性と個別性のバランスをとるために，ランゲは事例研究における比較歴史的手法を主張する。比較歴史的手法では，比較手法（Comparative method）と事例内手法（Within-case method）等が挙げられている。
(8) Lange, *ibid.*, pp. 42-65.
(9) 佐藤仁，「開発研究における事例分析の意義と特徴」『国際開発研究』，Vol. 12, No. 1, 2003年6月，11ページ。

引 用 文 献

英語文献

Abu-Lughod, Lila, 'Writing against Culture,' in Richard G. Fox, ed., *Recapturing Anthropology : Working in the Present*, Santa Fe, N. M.: School of American Research Press: Distributed by the University of Washington Press, 1991.

Afghanistan Information Management Service, *Zone 1 Map*, Islamic Republic of Afghanistan, September, 2007.

———, *Afghanistan Physical Map*, Islamic Republic of Afghanistan, September, 2007.

Annan, Kofi, 'Good Governance Essential to Development, Prosperity, Peace, Secretary-General Tells International Conference,' July 28, 1997, *UN Press Release*, SG/SM/6291 Dev/2166.

Barfield, Thomas, Neamatollah Nojumi, 'Bringing More Effective Governance to Afghanistan: 10 Pathways to Stability,' *Middle East Policy*, Vol. 17, No. 4, Winter, 2010, p. 40.

Belloni, Roberto, 'Hybrid Peace Governance: Its Emergence and Significance,' *Global Governance : A Review of Multilateralism and International Organizations*, Boulder, Colo.: Lynne Rienner Publishers, 18(1), 2012, pp. 21-38.

Boutros-Ghali, Boutros, *An Agenda for Peace : Preventive Diplomacy, Peacemaking and Peace-Keeping*, UN Doc. A/47/277-S/24111, June, 1992.

Brinkerhoff, Derick W., ed., *Governance in Post-Conflict Societies : Rebuilding Fragile States*, London: Routledge, 2007.

Brookings Institution, 'Afghanistan Index,' 〈http://www.brookings.edu/about/programs/foreign-policy/afghanistan-index〉（最終アクセス：2015年8月4日).

Chan, Steve, 'In Search of Democratic Peace: Problems and Promise,' *Mershon International Studies Review*, 41 (supp. I), 1997, pp. 59-91.

Chopra, Jarat, and Tanja Hohe, 'Participatory Intervention,' in *Global Governance*, Vol. 10, 2004.

Coburn, Noah, *Bazaar Politics : Power and Pottery in An Afghan Market Town*, Stanford, California: Stanford University Press, 2011.

Collier, Paul, and Anke Hoeffler, *Greed and Grievance in Civil War*, The World Bank Policy Research Working Paper 2355, May, 2000.

Crisis States Research Centre, 'Crisis, Fragile and Failed State : Definitions Used by the CSRC,' London : London School of Economics and Political Science, University of London, 2006. 〈http://www.lse.ac.uk/internationalDevelopment/research/crisis-States/download/drc/FailedState.pdf〉（最終アクセス：2015年10月12日）.

Dalrymple, William, *Return of a King : The Battle for Afghanistan*, London : Bloomsbury, 2013.

Deschamps Colin, and Alan Roe, *Land Conflict in Afghanistan : Building Capacity to Address Vulnerability*, Afghanistan Research and Evaluation Unit, Kabul : Afghanistan, 2009.

Diamond, Larry, *Promoting Democracy in the 1990s : Actors and Instruments, Issues and Imperatives*, Report to the Carnegie Commission on Preventing Deadly Conflict, Carnegie Corporation of New York, 1995.

Doyle, Michael W., and Nicholas Sambanis, *Building Peace : Challenges and Strategies after Civil War*, Washington, D. C. : The World Bank, 1999.

Doyle, Michael W., 'Kant, Liberal Legacies, and Foreign Affairs,' Parts 1 and 2, *Philosophy and Public Affairs*, 12 : 3-4 (Summer and Fall), 1983.

Dupree, Louis, *Afghanistan*, Princeton, N. J. : Princeton University Press, 1973.

Duffield, Mark, *Global Governance and the New Wars*, London : Zed Books, 2001.

Easton, David, *The Political System : An Inquiry into the State of Political Science*, New York : Knopf, 1971.

Eliot Jr., Theodore L., 'U. S. Policy toward Afghanistan,' in The Asia Foundation, *America's Role in Asia : Asian and American Views*, San Francisco : C. A., 2008.

FAO, *Afghanistan : Survey of the Horticulture Sector 2003*, Rome : Food and Agriculture Organization of the United Nations, 2004.

Flyvbjerg, Bent, 'Case study,' in Norman K. Denzin, Yvonna S. Lincoln, eds., *The Sage Handbook of Qualitative Research*, Los Angeles : Sage, 2011.

Fukuyama, Francis, *State-Building : Governance and World Order in the 21st Century*, Ithaca, N. Y. : Cornell University Press, 2004.

Fukuyama, Francis, *The End of History and the Last Man*, New York : Free Press, 2006.

Fukuyama, Francis, *Political Order and Political Decay : from the Industrial Revolution to the Globalization of Democracy*, N. Y. : Farrar, Straus and Giroux, 2014.

Ghani, Ashraf, *Manifesto of Change and Continuity Team*, Kabul : Afghanistan, 2014.

Ghani, Ashraf, and Clare Lockhart, *Fixing Failed States : A Framework for Revolt*, Oxford : Oxford University Press, 2008.

Giustozzi, Antonio, *Justice and State-Building in Afghanistan : State vs. Society vs. Taliban*, Occasional Paper No. 16, The Asia Foundation, 2012.

Giustozzi, Antonio, Claudio Franco and Adam Baczko, *Shadow Justice : How the Taliban Run Their Judiciary?* Integrity Watch Afghanistan, Kabul : Afghanistan, 2012.

Giustozzi, Antonio, and Mohammad Isaqzadeh, *Afghanistan's Paramilitary Policing in Context*, Afghanistan Analysts Network, Kabul : Afghanistan, 2011.

Gleditsch, Kristian S., and Michael D. Ward, 'War and Peace in Space and Time : The Role of Democratization," *International Studies Quarterly*, 44 : 1 (March), 2000, pp. 1-29.

Grace, Jo, *Who Owns the Farm? Rural Women's Access to Land and Livestock*, Afghanistan Research and Evaluation Unit, Kabul : Afghanistan, 2005.

Grindle, Merilee, 'Good Enough Governance : Poverty Reduction and Reform in Developing Countries.' *Governance : An International Journal of Policy, Administration, and Institutions*, Vol. 17[1], 2004.

Hayashi, Yutaka, 'A Peacebuilding from the Bottom : Daily Life and Local Governance in Rural Afghanistan,' *Islam and Civilisational Renewal*, International Institute of Advanced Islamic Studies, Vol. 5, No. 3, 2014, pp. 317-333.

Hughes, John A., and W. W. Sharrock, *Theory and Methods in Sociology : An Introduction to Sociological Thinking and Practice*, Basingstoke : Palgrave Macmillan, 2007.

Huldt, Bo, Erland Jansson eds., *The Tragedy of Afghanistan : the Social, Cultural and Political Impact of the Soviet Invasion*, London ; New York : Croom Helm, 1988.

Hynek, Nik, and Péter Marton, eds., *Statebuilding in Afghanistan : Multinational Contributions to Reconstruction*, London : Routledge, 2012.

iCasualities, 'Operation Enduring Freedom,' 〈http://icasualties.org/OEF/Nationality.aspx〉（最終アクセス：2015年10月11日）.

Islamic Republic of Afghanistan, *The Constitution of Afghanistan*, 2004.

———, *Landmine Impact Survey*, Mine Clearance Planning Agency and Survey Action Center, Kabul : Afghanistan, 2005.

———, *Afghanistan National Development Strategy*, 2008.

———, *Sub-National Governance Policy*, Independent Directorate of Local Governance (IDLG), Kabul, Afghanistan, 2010.

———, *Afghanistan Statistical Yearbook 2011-2012*, Central Statistics Organization, Kabul : Afghanistan, 2012.

Jakobsen, Peter Viggo, 'National Interest, Humanitarianism, or CNN : What Triggers UN Peace Enforcement after the Cold War?' *Journal of Peace Research*, 33 : 2 (May), 1996.

Jarstad, Anna K., and Louise Olsson, 'Hybrid Peace ownership in Afghanistan : International perspectives of who owns what and when,' *Global Governance*, Vol. 18, No. 1, 2012.

Jeong, Ho-Won, *Peacebuilding in Postconflict Societies*, Boulder, Colo. : Lynne Rienner, 2000.

Kaldor, Mary, *New and Old War*, Cambridge : Polity Press, 2001.

Kakar, Hassan M., *Afghanistan : The Soviet Invasion and the Afghan Response, 1979-1982*, Berkeley : University of California Press, 1995.

Kant, Immanuel, 'Idea for a Universal History with a Cosmopolitan Purpose,' reprinted in Hans Reiss, ed., *Kant : Political Writings*, 1991 [1784].

Kaufmann, Daniel, Aart Kraay, Pablo Zoido-Lobaton, *Governance Matters*, World Bank, Policy Research Working Paper 2196, Washington, D. C. : World Bank, 1999.

Keen, David, 'War and Peace : What's the difference?' in Adekeye Adebajo, Chandra Lekha Sriram, (eds.) *Managing Armed Conflicts in the 21st Century*, Special Issue of *International Peacekeeping*, vol. 7, No. 4 (Winter), 2000.

Lamb, Robert D., *Formal and Informal Governance in Afghanistan*, Occasional Paper No 11, The Asia Foundation, 2012.

Lange, Matthew, *Comparative-Historical Methods*, London : SAGE, 2013.

Lasswell, Harold D., *Politics : Who Gets What, When, How*, Cleveland ; New York : World Publishing, 1958.

Lederach, John Paul, *Building Peace : Sustainable Reconciliation in Divided Societies*, Washington, D. C. : United States Institute of Peace Press, 1997.

Leftwich, Adrian, ed., *Democracy and Development : Theory and Practice*, Cambridge : Polity Press, 1996.

Levy, Jack S., 'Domestic Politics and War,' *Journal of Interdisciplinary History*, 18 : 4 (Spring), 1988, pp. 653-673.

Lister, Sarah, and Andrew Wilder, 'Subnational Administration and State Building : Lessons from Afghanistan,' in Derick W. Brinkerhoff ed., *Governance in Post-Conflict Societies : Rebuilding Fragile States*, London : Routledge, 2007, pp. 241-257.

Live Leak, 'Dr. Ramazan Bashardost,' *Live Leak*, February 9, 2013, 〈http://www.liveleak.com/view?i=1b0_1360466715〉（最終アクセス：2015年10月11日).

Mac Ginty, Roger, 'Hybrid Peace : How Does Hybrid Peace Come About?' in Susanna Campbell, David Chandler and Meera Sabaratnam eds., *A Liberal Peace? : The Problems and Practices of Peacebuilding*, London : Zed Books, 2011.

Mann, Michael, *The Sources of Social Power : a History of Power from the Beginning to A. D. 1760*, Cambridge : Cambridge University Press, 1986.

———, *The Sources of Social Power : the Rise of Classes and Nation-States, 1760-1914*, Cambridge : Cambridge University Press, 1993.

Mansfield, Edward D., and Jack Snyder, 'Democratization and the Danger of War,' *International Security*, 20 : 1 (Summer), 1995, pp. 5-38.

———, 'Democratization and War,' *Foreign Affairs*, 74 : 3 (May-June), 1995, pp. 79-97.

Mason, Whit, ed., *The Rule of Law in Afghanistan : Missing in Inaction*, Cambridge : Cambridge University Press, 2011.

Migdal, Joel S., *Strong Societies and Weak States : State-Society Relations and State Capabilities in the Third World*, Princeton, N. J. : Princeton University Press, 1988.

NATO, 'NATO and Afghanistan ; ISAF Placemats Archives,' 〈http://www.nato.int/cps/en/natolive/107995.htm〉（最終アクセス：2015年8月4日).

New York Times, 'U. S. General Is Killed in Attack at Afghan Base ; Others Injured,' *New York Times*, August 5, 2014.

Nojumi, Neamatollah, Dyan Mazurana, and Elizabeth Stites, *Life and Security in Rural Afghanistan*, Lanham : Rowman and Littlefield Publishers, 2009.

OECD, *The Paris Declaration on Aid Effectiveness*, DAC/OECD, 2005. 〈http://www.oecd.org/dac/effectiveness/34428351.pdf〉（最終アクセス：2015年10月11日).

———, *Principles for Good International Engagement in Fragile States and Situations*, OECD, 2007.

———, *International Support to Statebuilding in Situations of Fragility and Conflict*, DCD/DAC, (2010)37, 2010.

———, *Aid at a Glance*, DCD/DAC, 2016. 〈https://public.tableau.com/views/OECD-DACAidataglancebyrecipient_new/Recipients?:embed=y&:display_count=yes&:showTabs=y&:toolbar=no?&:showVizHome=no〉（最終アクセス：2016年2月12日).

Pajhwok Afghan News, 'State Land Recovered from Ex-VP's Brother,' *Pajhwok Af-*

ghan News, October 23, 2014.

———, 'Crackdown on Land-Grabbers Launched in Logar,' *Pajhwok Afghan News*, September 25, 2015.

Paret, Peter, ed., with the Collaboration of Gordon A. Craig and Felix Gilbert, *Makers of Modern Strategy : From Machiavelli to the Nuclear Age*, Princeton, N. J. : Princeton University Press, 1986.

Paris, Roland, *At War's End : Building Peace after Civil Conflict*, Cambridge : Cambridge University Press, 2004.

Pierre, Jon, and Guy Peters, *Governance, Politics and the State*, N. Y. : St Martin's Press, 2000.

Ponzio, Richard, *Democratic Peacebuilding : Aiding Afghanistan and Other Fragile States*, Oxford : Oxford University Press, 2011.

Poullada, Leon B., *Reform and Rebellion in Afghanistan : King Amanullah's Failure to Modernize a Tribal Society*, Ithaca, N. Y. : Cornell University Press, 1973.

Reimann, Cordula, 'Assessing the State-of-the-Art in Conflict Transformation,' in Alex Austin, Martina Fischer, Norbert Ropers eds., *Transforming Ethnopolitical Conflict : the Berghof Handbook*, Wiesbaden : VS Verlag für Sozialwissenschaften, 2004.

Richmond, Oliver, *The Transformation of Peace*, Basingstoke : Palgrave Macmillan, 2005.

———, *Peace in International Relations*, N. Y. : Routledge, 2008.

———, 'Resistance and the Post-Liberal Peace,' in Susanna Campbell, David Chandler and Meera Sabaratnam eds., *A Liberal Peace? : The Problems and Practices of Peacebuilding*, London : Zed Books, 2011.

Rostow, Walt, *The Stages of Economic Growth : A Non-Communist Manifesto*, Cambridge ; New York : Cambridge University Press, 3rd edition, 1990.

Rummel, Rudolph Joseph, 'Democracy, Power, Genocide, and Mass Murder,' *Journal of Conflict Resolution*, 39 : 1 (March), 1995, pp. 3-26.

———, *Power Kills : Democracy as a Method of Nonviolence*, New Brunswick, N. J. ; London : Transaction, 2002.

Russet, Bruce, *Grasping the Democratic Peace : Principles for a Post-Cold War World*, Princeton, N. J. : Princeton University Press, 1993.

Russett, Bruce, and Harvey Starr, 'From Democratic Peace to Kantian Peace : Democracy and Conflict in the International System,' in Manus I. Midlarsky, ed., *Handbook of War Studies*, Ann Arbor : University of Michigan Press, 3rd edition, 2009.

Saikal, Amin, 'Afghanistan's Weak State and Strong Society,' in Simon Chesterman, Michael Ignatieff, and Ramesh Thakur ed., *Making States Work : State Failure and the Crisis of Governance*, Tokyo ; New York : United Nations University Press, 2005.

Sanjek, Roger, ed., *Fieldnotes : the Makings of Anthropology*, Ithaca, N. Y. : Cornell University Press, 1990.

Saunders, Harold H., 'Prenegotiation and Circum-Negotiation,' in Chester A. Crocker, Fen Osler Hampson, and Pamela Aalltes eds., *Turbulent Peace : the Challenges of Managing International Conflict*, Washington, D. C. : United States Institute of Peace Press, 2001.

Scott, James C., *Seeing Like a State : How Certain Schemes to Improve the Human Condition Have Failed*, New Haven : Yale University Press, 1998.

Scott, James C., *The Art of Not Being Governed : an Anarchist History of Upland Southeast Asia*, New Haven : Yale University Press, 2009.

SIGAR (Special Inspector General for Afghanistan Reconstruction), *Quarterly Reports*, Government of the United States of America 〈http://www.sigar.mil/quarterlyreports/index.aspx?SSR=6〉（最終アクセス：2015年8月4日).

———, *High-Risk List*, December, 2014.〈https://www.sigar.mil/pdf/spotlight/High-Risk_List.pdf〉（最終アクセス：2015年8月30日).

Smith, Anthony D., *Myths and Memories of the Nation*, Oxford : Oxford University Press, 1999.

Soifer, Hillel, 'State Infrastructural Power : Approaches to Conceptualization and Measurement,' *Studies in Comparative International Development*, 2008, Vol. 43(3) (December), pp. 231-251.

Soifer, Hillel, and Matthias com Hau, 'Unpacking the Strength of the State : The Utility of State Infrastructural Power,' *Studies in Comparative International Development*, 2008, Vol. 43(3) (December), pp. 219-230.

Stewart, Francis, *Horizontal Inequalities and Conflict : Understanding Group Violence in Multiethnic Societies*, Basingstoke : Palgrave Macmillan, 2008.

Strand, Harvard, and Marianne Dahl, *Defining Conflict-Affected Countries*, Paris : UNESCO, 2010.

Strauss, Anselm L., *Qualitative Analysis for Social Scientists*, Cambridge ; New York : Cambridge University Press, 1987.

Suhrke, Astri, and Ingrid Samset, 'What's in a Figure? Estimating Recurrence of Civil

War,' *International Peacekeeping*, 14 : 2, 2007, pp. 195-203.

Tariq, Mohammad Osman, *Tribal Security System (Arbakai) in Southeast Afghanistan*, Occasional Paper No. 7, Crisis State Research Centre, London School of Economics, December, 2008.

Tendler, Judith, *Turning Private Voluntary Organizations into Development Agencies : Questions for Evaluations*, USAID Evaluation Paper 12, 1982.

The Asia Foundation, *Afghanistan in 2014 : A Survey of the Afghan People*, Kabul : Afghanistan, 2014.

The Fund for Peace, 'What Does "State Fragility" Mean?' 〈http://fsi.fundforpeace.org/faq-06-state-fragility〉（最終アクセス：2015年10月12日）.

The International Dialogue on Peacebuilding and Statebuilding, *A New Deal for Engagement in Fragile States*, 2011. 〈https://www.pbsbdialogue.org/media/filer_public/07/69/07692de0-3557-494e-918e-18df00e9ef73/the_new_deal.pdf〉（最終アクセス：2015年10月12日）.

———, 'Origins of the International Dialogue,' 〈http://www.pbsbdialogue.org/about/origins/〉（最終アクセス：2015年6月12日）.

The Washington Times, '"Afghanistan Corruption Severe Problem", U. S. Watchdog Says,' *The Washington Times*, May 14, 2014.

Tondini, Matteo, *Statebuilding and Justice Reform : Post-Conflict Reconstruction in Afghanistan*, London ; New York : Routlegde, 2010.

Transparency International, 'Corruption Perceptions Index 2015, 〈http://www.transparency.org/cpi2015#downloads〉（最終アクセス：2016年2月14日）.

UNAMA, *Reports on the Protection of Civilians*, 〈https://unama.unmissions.org/Default.aspx?tabid=13941&language=en-US〉（最終アクセス：2015年8月4日）.

UN ESCAP, 'UN ESCAP : Make the Voices Heard of the 1.5 Billion People in Fragile & Conflict-Affected Areas,' *Press Release*, UN ESCAP, 23 February, 2013.

UNDP, *A Guide to UNDP Democratic Governance Practice*, N. Y. : UNDP, 2010.

———, *Capacity Development in Post-Conflict Countries*, N. Y. : UNDP, 2010.

———, *Governance for Peace : Securing the Social Contract*, N. Y. : UNDP, 2012.

———, *Human Development Report 2014*, N. Y. : Published for the United Nations Development Programme [by] Oxford University Press, 2014.

———, 'Our work : overview,' 〈http://www.undp.org/content/undp/en/home/ourwork/overview.html〉（最終アクセス：2015年10月11日）.

UNICEF, 'UNICEF Launches US$3.1 Billion Appeal to Reach More Children in Emergencies,' *Press Release*, UNICEF, 29 January, 2015.

United Nations, *Universal Decralation of Human Rights*, General Assembly Resolution 217 A (III), December 10, 1948.

———, *Support by the United Nations System of the Efforts of Governments to Promote and Consolidate New and Restored Democracies*, UN document A/53/554, October 29, 1998.

———, *Promotion of the Right to Democracy*, UN Commission of Human Rights Resolution 1999/57, April 27, 1999.

———, Security Council Resolution 1645, UN Document S/RES/1645, 2005.

———, *Report of the Panel on United Nations Peace Operations*, UN Doc. A/55/305-S/2000/809, 2000.

———, *Map No. 3958 Rev. 7*, Department of Field Support, Cartographic Section, June 2011. 〈http://www.un.org/depts/Cartographic/map/profile/afghanis.pdf〉（最終アクセス：2016年2月16日）.

UNOCHA, *News Release*, UNOCHA, August 14, 1999.

USAID, 'Foreign Aid Trends,' United States Agency for International Development, 〈https://explorer.usaid.gov/aid-trends.html〉（最終アクセス：2015年9月18日）.

Wallensteen, Peter, and Margaretta Sollemberg, 'The End of International War? Armed Conflict 1989-1995,' International Peace Research Association, *Journal of Peace Research*, London, Vol. 33, No. 3, 1996.

Wily, Liz Alden, *Land Rights in Crisis: Restoring Tenure Security in Afghanistan*, Afghanistan Research and Evaluation Unit, Kabul: Afghanistan, 2003.

———, *Looking for Peace on the Pastures: Rural Land Relations in Afghanistan*, Afghanistan Research and Evaluation Unit, Kabul: Afghanistan, 2004.

World Bank, *Governance and Development*, Washington, D.C.: World Bank, 1992.

———, *Governance: the World Bank's Experience*, Washington, D.C.: World Bank, 1994.

———, *World Development Report 2011*, Washington, D.C.: World Bank, 2011.

Wright, Quincy, *A Study of War*, Chicago: University of Chicago Press, 1965.

Yarshater, Ehsan, ed., *Encyclopædia Iranica*, New York: Encyclopædia Iranica Foundation, 2011.

ダリー語文献

روشنم موادت و لوحت (Ashraf Ghani Ahmadzai; Manifesto of Change and Continuity Team), Kabul, Afghanistan, 2014.

邦語文献

アレント，ハンナ；志水速雄訳，『人間の条件』，東京：筑摩書店，1994年。

アンダーソン，ベネディクト；白石さや・白石隆訳，『想像の共同体——ナショナリズムの起源と流行』，東京：NTT 出版，1997年。

イェリネク，ゲオルグ；芦部信喜［ほか］共訳，『一般国家学』，東京：学陽書房，1976年。

稲田十一編，『紛争と復興支援——平和構築に向けた国際社会の対応』，東京：有斐閣，2004年。

猪口孝，『ガバナンス』，東京：東京大学出版会，2012年。

井出嘉憲，『地方自治の政治学』，東京：東京大学出版会，1977年。

ヴェーバー，マックス；脇圭平訳，『職業としての政治』，東京：岩波書店，2010年。

ヴルフ，ハンス・E.；原隆一［ほか］訳，『ペルシアの伝統技術——風土・歴史・職人』，東京：平凡社，2001年。

遠藤貢，「機能する『崩壊国家』と国家形成の問題系——ソマリアを事例として」，佐藤章編，『紛争と国家形成——アフリカ・中東からの視角』，千葉：日本貿易振興機構アジア経済研究所，2012年。

大野盛雄，『フィールドワークの思想——砂漠の農民像を求めて』，東京：東京大学出版会，1974年。

———，『アフガニスタンの農村から——比較文化の視点と方法』，東京：岩波書店，1971年。

尾崎三雄・尾崎鈴子，『日本人が見た30年代のアフガン』，福岡：石風社，2003年。

ガルトゥング，ヨハン；高柳先男・塩屋保・酒井由美子訳，『構造的暴力と平和』，八王子：中央大学出版部，1991年。

木下康仁，『グラウンデッド・セオリー論』，東京：弘文堂，2014年。

黒柳恒男，『新ペルシア語大辞典』，東京：大学書林，2002年。

クーフィ，フォージア；福田素子訳，『わたしが明日殺されたら』，東京：徳間書店，2011年。

国際連合平和維持活動局フィールド支援局，『国連平和維持活動——原則と指針』，国際連合，2008年。

佐藤章，『紛争と国家形成——アフリカ・中東からの視角』，千葉：日本貿易振興機構アジア経済研究所，2012年。
佐藤仁，『稀少資源のポリティクス――タイ農村にみる開発と環境のはざま』，東京：東京大学出版会，2002年。
―――，「開発研究における事例分析の意義と特徴」『国際開発研究』，Vol. 12，No. 1，2003年6月。
篠田英朗，「平和構築概念の精緻化に向けて――戦略的視点への準備作業」『広島平和科学』24，2002年。
―――，「平和構築における現地社会のオーナーシップの意義」『広島平和科学』31，2009年。
―――，『平和構築入門』，東京：ちくま新書，2013年。
スコット，ジェームズ C.；佐藤仁監訳，『ゾミア――脱国家の世界史』，東京：みすず書房，2013年。
鈴木均編，『ハンドブック現代アフガニスタン』，東京：明石書店，2005年。
世界銀行，『世界開発報告』，東京：世界銀行東京事務所，1997年。
ソシュール，フェフディナン・ド；影浦峡・田中久美子訳，『ソシュール一般言語学講義――コンスタンタンのノート』，東京：東京大学出版会，2007年。
武内進一，『現代アフリカの紛争と国家――ポストコロニアル家産制国家とルワンダ・ジェノサイド』，東京：明石書店，2009年。
千葉眞，「市民社会論の現在」『思想』，東京：岩波書店，5月，1～3号，2001年。
デンジン，ノーマン K.，イボンナ・S・リンカン編；大谷尚・伊藤勇編訳，『質的研究資料の収集と解釈』，京都：北大路書房，2006年。
トクヴィル，アレクシ・ド；松本礼二訳，『アメリカのデモクラシー』，東京：岩波書店，2005年。
縄田鉄男，『ペルシア語辞典』，松江：報光社，1981年。
ニーチェ，フリードリッヒ；木場深定訳，『道徳の系譜』，東京：岩波書店，2010年。
橋本行史編著，『現代地方自治論』，京都：ミネルヴァ書房，2010年。
林裕，「アフガニスタン農村における現状と意思決定構造」，『東洋研究』，第185号，大東文化大学東洋研究所，2012年，103～120ページ。
―――，「紛争影響下社会としてのアフガニスタン農村部――アフガニスタン・カーブル州北方郡部を事例として」『東洋研究』，大東文化大学東洋研究所，第191号，2014年，47～67ページ。
パンチ，キース F.；川合隆男監訳，『社会調査入門――量的調査と質的調査の活用』，東京：慶應義塾大学出版会，2005年。
等雄一郎，「平和構築支援の課題〈序説〉」『レファレンス』（674），国立国会図書館調査及び立法考査局，2007年。
ブライス，ジェームス；松山武訳，『近代民主政治』，東京：岩波書店，1984年
フーコー，ミシェル；渡辺守章訳，『知への意思』，東京：新潮社，1986年。
福田仁志，『世界の潅漑――比較農業水利論』，東京：東京大学出版会，1974年。
藤田結子・北村文編，『現代エスノグラフィー――新しいフィールドワークの理論と実践』，東京：新曜社，2013年。
ブトロス・ガリ，ブトロス，『平和への課題』，東京：国際連合広報センター，1995年。
ホルスタイン，ジェイムズ，ジェイバー・グブリアム；山田富秋［ほか］訳，『アクティヴ・インタビュー――相互行為としての社会調査』，東京：せりか書房，2004年。
マン，マイケル；森本醇・君塚直隆訳，『ソーシャルパワー――社会的な「力」の世界歴史Ⅱ――階級と国民国家の「長い19世紀」』，東京：NTT 出版，2005年。
箕浦康子編著，『フィールドワークの技法と実際』，京都：ミネルヴァ書房，1999年。
メリアム，シャラン；堀薫夫・久保真人・成島美弥訳，『質的調査法入門――教育における調査法とケース・スタディ』，京都：ミネルヴァ書房，2004年。
山田光矢・代田剛彦編，『地方自治論』，東京：弘文堂，2012年。
ルペシンゲ，クマール；黒田順子；吉田康彦訳，『地域紛争解決のシナリオ――ポスト冷戦時代の国連の課題』，東京：スリーエーネットワーク，1994年。
ローティ，リチャード；野家啓一監訳，『哲学と自然の鑑』，東京：産業図書，1993年。

参考資料Ⅰ　アフガニスタン関連略年表

年月日	出来事	元　首	並立元首
1747	アフガニスタン（ドゥラニ朝）をカンダハルに建国	Ahmad Khan（アハマド・シャー・ドゥラニ）（在位 1747-1772）	
	首都をカンダハルからカブールへ移転	Timur Shah（在位 1772-1793）	
		Zaman Shah（在位 1793-1799）	
		Mahmud Shah（在位 1800-1803）	
		Shah Shoja（在位 1803-1809）	
		Mahmud Shah（在位 1809-1818）	
1826	ドースト・モハンマドがモハンマドザイ朝を創建	Dost Mohammad（在位 1826-1839）	
1838～1842	第1次イギリス・アフガニスタン戦争		
1839	イギリス軍カブール入城，ドースト・モハンマド亡命。シャー・シュジャ即位	Shah Shoja（在位 1839-1842）暗殺	
1842	イギリス軍カブールから撤退，第1次イギリス・アフガニスタン戦争終結	Dost Mohammad（在位 1843-1863）	
1871	「アフガニスタン」の文字が日本の新聞に初めて掲載	Sher Ali（在位 1863-1879）	
1878～1880	第2次イギリス・アフガニスタン戦争	Mohammad Ya-qub（在位 1879）	
1879 5/26	ガンドマク条約（外交権を英国へ委任,		

	南部を割譲）		
1880	アフガニスタン軍，マイワンドの戦いでイギリス軍を撃破	Abd-al-Rahman（在位 1880-1901）	
1887	アフガニスタン，ロシアとの国境制定		
1893 11/12	デュランド協定。これによってアフガニスタン東部（現パキスタン）との国境を規定	Habibullah（在位 1901-1919）暗殺	
1895	イギリスとロシアがパミール地方の国境を画定，緩衝地帯として「ワハン回廊」を設置。これによってアフガニスタン北東部パミール地方の国境が画定		
1907	第2次アフガニスタン戦争でイギリスを破ったアユーブ将軍，東郷平八郎提督の来客として訪日。日本を訪れた最初のアフガニスタン人		
1914	ハビブラー国王，日本の震災被害者に1000ポンドを寄付		
1919 5/3	第3次イギリス・アフガニスタン戦争	Amanullah Khan（在位 1919-1929）亡命 チューリッヒにて死去（1961）	
1919 8/8	第3次イギリス・アフガニスタン戦争終結		
1919 8/19	ラワルピンディ条約。アフガニスタン，イギリスより外交自主権を回復し完全独立		
1922	近代的形態を伴うアフガニスタン初の「議会」導入	Amanullah Khan 後数日は兄弟の Inayatullah Khan が王位につく	
1923 10/29	トルコ共和国独立。ケマル・パシャ初代大統領。アフガニスタンが，最初に国家承認		
1924 4/9	ロヤ・ジルガ開催，最初のアフガニスタン憲法を公布（全73条）		
1927	憲法改正。有力部族による国家評議会を解散し，直接選挙による議会（代議制）移行を意図		
	アフガニスタン，国際郵便連盟		

1928	（UPU：Universal Postal Union）に加盟		
1929 9	国民立法議会を設置		
1929 1	バチャ・エ・サカオ（Tajik）の乱による王位簒奪。アマヌラー・ハーンは亡命	Bacha-ye Saqao（1929）処刑（本名：ハビブラー・ガジ）	
1929 10	バチャ・エ・サカオ（Tajik）の乱鎮圧。バチャ・エ・サカオ処刑。ナディル・ハーンが即位	Nader Khan（在位 1929.10-1933.11）暗殺	
1930 11/19	日本アフガニスタン修好条約締結（ロンドン）		
1931	新憲法（アマヌラー憲法。全110条）		
1931	二院政（Meshrano Jirga / Wolesi Jirga）の導入		
1931	尾高鮮之助：美術研究所（現：東京文化財研究所）職員として，アフガニスタンを調査訪問（1932）。1933年死去。刀江書院（とうこうしょいん）は兄が興した出版社		
1933 11	ナディル・ハーン暗殺される。ザヒール・シャーが即位		
1934	日本と外交関係を樹立，カブールに日本帝国公使館設置（北田正元公使）		
1946 11/9	国連総会，アフガニスタンを，アイスランド，スウェーデンとともに国連加盟承認		
1947 8/15	インド独立。パキスタン独立		
1953	モハンマド・ダウドが首相に就任		
1955	日本が，アフガニスタン在来種の小麦を採取。以後日本国内で保存		
1955 12	1945年に引き上げていた日本の駐アフガニスタン外交官引き上げ後，駐ア日本大使館設置，日本との国交再開		

1956	アフガニスタン，駐日大使館を開館	Zahir Shah （在位 1933.11-1973.7） 亡命 アフガニスタンに 帰国後死去 （2010）	
12/18	日本の国連加盟が国連総会にて承認。アフガニスタンを含む51か国が提案		
1960	中央アジア初のマークス＆スペンサーがカブールで開店		
1963	パシュトニスタン積極姿勢に起因する経済的苦境の責任を取り，モハンマド・ダウドが首相を辞任		
	民主主義の10年（1963-1973）		
	新憲法の制定（立憲君主制）		
1964	新憲法が発布，立憲君主制を謳う		
1965	アフガニスタン初の総選挙実施		
	アフガニスタン・パキスタン越境貿易協定（APTTA）合意		
1969 4/9～15	ザヒール・シャー国王およびホメイラ王妃両陛下国賓として日本訪問		
	内戦前の最後の議会選挙開催		
1969 12/18	日本政府からアフガニスタン向け初の円借款（締結日1969年12月18日。貸付承認額7億2,000万円，契約同意累計額は5億8,153万7,525円。貸付完了日は1974年9月30日）		
1971 6/5	皇太子および皇太子妃（現天皇皇后両陛下）カブール着・6日間のアフガニスタン訪問		
1972	アメリカがアフガニスタン援助から撤退を表明		
1973 7/17	ダウドがクーデター。ザヒール・シャーを退位させ，共和国を宣言。初代大統領	ダウド （殺害） 1978年4月28日，	
7/19	ソ連が承認		
	アフガニスタン議会活動停止（1973-2005）		

7/26	正式国名が「Kingdom of Afghanistan」から「Republic of Afghanistan」へ変更	大統領宮殿にて	
1976	共和国憲法が発布		
1977 4/14	アフガニスタン・ソ連経済協力条約に調印		
1978 4/27	親ソ共産党クーデター（サウル〔4月〕革命），タラキが大統領（革命評議会議長）に。カルマルが副議長に就任。しかしハルク（大衆）派とパルチャム（旗）派の分裂状態に陥る		
	アフガニスタン人民民主党政権成立。国名が「Republic of Afghanistan」から「Democratic Republic of Afghanistan」へ変更		
7	大土地所有制に関する法律制定（地方の反発を招く） 3分の1を地主， 3分の1を小作人， 残り3分の1をザカート（喜捨）に，と改革され，農民が混乱，政府への反感が増加		
1979 1/15	朝日新聞がアフガンゲリラの交戦を初めて報道。アフガニスタン全土でゲリラ戦が激化。		
1/16	イラン・パーレビ王朝崩壊。モハンマド・レザーエジプトへ亡命		
1	共産主義者が，ムジャディディ家家族79人を殺害。生き残りがシブガトゥラ・ムジャディディ（のちに大統領）。アフガニスタンの2つの主要なスーフィ教団，ナクシュバンディヤとカデリーヤがあるが，ムジャディディ家はナクシュバンディヤの指導者。カデリーヤ教団の指導者は，ビル・サイド・アハヌド・ギラニ。ザヒール・シャーと姻戚関係。アフガニスタン民	タラキ (暗殺)	

	族イスラム戦線を設立		
2/11	ホメイニ師の下でイラン革命		
2	パキスタンへ難民35,000人		
2/14	アメリカ駐在カブール大使ダブスの幽閉殺害事件		
3/15	ヘラート市におけるアフガニスタン政府およびソ連に対する市民蜂起。ソ連軍による報復で市民2,400人以上が殺害		
3/27	アミン副首相兼外相が首相に昇格。タラキは革命評議会議長兼国防相の地位		
5/27	アフガニスタン・ソ連善隣協力条約締結・発効		
5	反政府ゲリラ，3州（バーミヤン，ゴール，ウルズガン）を制圧		
6	28州のうち23州で戦闘（全土の82%）		
8/5	カブール・バラ・ヒサール城で銃撃戦，4時間後に鎮圧		
8/18	反政府ゲリラがパキスタン・ペシャワールでイスラム政府樹立を宣言，アフガニスタン全土でゲリラ戦が激化		
9	タラキ大統領がモスクワ訪問		
9/16	タラキ大統領はアミン副首相兼外相によって暗殺 アミン政権が発足		
12/18	ソ連軍参謀本部情報総局（GRU）第154部隊（イスラム教徒大隊：ウズベク人，タジク人，トルクメン人計530人の特殊部隊）カブール潜入。目的はアミン革命評議会議長暗殺	アミン (暗殺)	
12/26	ソ連軍がカブールに大量空輸移動		
12/27	ソ連軍のアフガニスタン侵攻（ソ連軍の越境）		
	ソ連軍侵攻以来，タリバン政権崩壊まで約600万人の難民が発生		

12/30	ソ連軍，カブールを制圧。アミン大統領が暗殺され，カルマルが大統領に就任	カルマル （辞任）1986.11 モスクワへ追放 モスクワにて死去 （1996）
1980	西側諸国，モスクワ五輪ボイコット	
3/15	ヘラート市民，都市蜂起。ソ連軍将校とその家族を殺害	
1984 8	アメリカ，武器援助法を議会で可決	
1985 3	ゴルバチョフソ連共産党書記長就任	
1986 5	カルマルが辞任，ハジ・モハンマド・チャムカニが大統領代行に就任。ナジブラが人民民主党書記長に就任	
1987 9/30	ナジブラが大統領に就任	ナジブラ （処刑）1996.9.27
1988 4/14	ソ連軍撤退に関する協定に調印 アフガニスタン和平に関するジュネーブ合意	
1988 5	ソ連がアフガニスタンから撤退開始	
8	ジア・ウル・ハク・パキスタン大統領，大統領機ごと爆殺	
1989 2/15	ソ連がアフガニスタンから撤退終了	
1991 9	米ソ，対アフガニスタン支援の停止を合意	
12/25	ソ連崩壊	
1992 1/1	米ソによる対アフガニスタン支援停止合意が発効	
4/18	カブールが陥落，人民民主党政権（政府）が崩壊	
	米国，麻薬生産国への援助を禁止する外国支援法を引用し，アフガニスタン向け援助を停止	
4/24	Peshawar Accord に署名。Islamic Interim Government of Afghanistan（暫定評議会）大統領としてムジャディディ。2か月後にラバニに交代。	ムジャディディ

	マスードを国防相。ヘクマティヤルを首相とするも，ヘクマティヤルは署名拒否	
4/25	暫定評議会（Islamic Interim Government of Afghanistan）を設置。ムジャディディ大統領，マスード国防相はカブールを取ったヘクマティヤル派へ武力攻撃，2日後，同派を武力で追放	ムジャディディ ラバニ
4	国名を「Islamic State of Afghanistan」へ変更	
5	ヘクマティヤル派がカブールへロケット攻撃を開始。同時に同派がPul-i-Charkhi刑務所を解放。犯罪者も含め逃走	
5/25	ヘクマティヤルとマスードの間で和平合意。ヘクマティヤルを首相に指名	
6	暫定評議会議長として，ラバニ評議会議長に全権を委任	
12/29	ラバニを大統領として選出	ラバニ
1993 1	暫定内閣政府大統領にラバニが就任	
3	Islamabad Accord に署名	
1994 1	ドスタムがヘクマティヤル，ヒズビ・ワハダットとともにCouncil of Coordinationを結成し，カブール攻撃。同攻撃によって国連職員の退避が開始	
1994 春	カンダハル近郊ザンヒザル村から10代の娘2人がムジャヒディンに連れ去られ，哨所で暴行される。ムハンマド・オマルが30人で攻撃，娘たちを奪還	
6	マスードがドスタムをカブールから武力で排除	
10	タリバンがカンダハルに登場	
10/9	タリバンが，パキスタン国境からカンダハル北西90キロのギリシクまでチェックポイント設置	

10	パキスタントラック隊がカンダハル，ヘラートを通ってトルクメニスタンを目指す（ナセルラ・ババール・パキスタン内相主導）		
1994	サウジアラビア，オサマ・ビン・ラディンの国籍を剥奪		
1996 5	ビン・ラディン，スーダンからアフガニスタンに移動		
8	ビン・ラディン，対米ジハード宣言		
1996 9/27	タリバンがカブールを制圧。タリバンが政権をとる。国名は「Islamic Emirate of Afghanistan」。パキスタン，サウジアラビア，アラブ首長国連邦の３か国が承認。以後国内の多くを実効支配するタリバン政権と，国連に議席を持つラバニ大統領の Islamic State of Afghanistan が並立		
1997 5/19	ドスタム配下のマリク・パラワン将軍がタリバンと通じて謀反。ドスタムはウズベキスタン経由でトルコへ脱出。9月，ドスタムはマリクを追い落とし，復権	ラバニ	
5/28	マザリシャリフの戦闘で，タリバンが初めての敗北（ハザラ人部隊とマスード軍）		ムハンマドオマル
5	マザリシャリフ戦において，タリバン兵約3,000人が戦死。タリバンの戦力の大半を失う。以後 ISI が直接支援を実施とされる		
6/13	反タリバン同盟は，「アフガニスタン救国イスラム民族戦線（Jabha-yi Muttahid-i Islāmī-yi Millī barā-yi Nijāt-i Afghānistān：United Islamic Front for the Salvation of Afghanista)」を結成。マザリシャリフを首都と宣言		

1998 7/12	タリバンがドスタム軍を急襲，ドスタムはウズベキスタン経由でトルコへ亡命（2001年春まで）	ラバニ	ムハンマドオマル
8	タリバンが8人のイラン人外交官と1人のイラン人レポーターを殺害		
8/8	タリバンがマザリシャリフを攻撃。マザリシャリフを制圧。 タリバンによって4,000人から5,000人の市民が犠牲になったとされる		
8	ケニアとタンザニア米国大使館が同時爆破。アメリカが報復としてスーダンとアフガニスタンへ巡航ミサイル攻撃（100発近く）		
9	タリバンがバーミヤン制圧。全土のほぼ95%をタリバンが支配		
9	在サウジアラビアのアフガニスタン臨時代理大使の国外撤去。在アフガニスタンのサウジアラビア臨時代理大使を召還。事実上の断交。サウジアラビアは「国益のため」とのみ理由を説明		
	イラン人外交官殺害，イラン人人質等に対し，イラン軍20万人をアフガニスタン国境沿いに展開。対するタリバン軍は推定1万人		
10	ブラヒミ国連特使がタリバンとイランの戦争回避仲介。タリバンが拘束していたイラン人解放に同意。危機を回避		
12/8	国連安全保障理事会，決議1214号を採択。内戦当事者とともに，タリバンに対して戦闘停止，国連の元での和平交渉参加を要求		
1999 1	米国務省はオサマ・ビン・ラディンを国際指名手配		
	米国政府は国連に「テロリストの施設		

	3	およびテロリストをかくまっている施設に対して，事前警告無しに軍事行動を起こす権利を留保する」と通告。		
	7	米国単独でタリバンに対して制裁措置。米国内のタリバン資産の凍結，米国企業がタリバンとの間で貿易などの取引を禁止		
	8	タリバンによるショマリ平原のタジク人強制移住		
	10/15	国連安全保障理事会，決議1267号を採択。タリバン政権に対して正式に，ビン・ラディンの身柄引渡しを要求。11月14日までに引渡しをしない場合には，タリバン航空機の離着陸原則禁止，タリバン資産の凍結（11月14日，引渡しが実現せず，発動）		
	10/12	パキスタンにてクーデター。ムシャラフ軍事政権誕生		
2000	10/12	イエメン・アデン港にて米駆逐艦コールに対し爆薬を積んだボートが体当たり。米兵17人が死亡	ラバニ	ムハンマドオマル
	12/19	国連安全保障理事会，決議1333号を採択。ビン・ラディンの引渡しと金融資産凍結，タリバンへの軍事支援の禁止，タリバンの軍事顧問を務める軍・政府関係者の引上げを各国に要求（明文化されていないが，パキスタンを念頭）		
2001	3/12	バーミヤン石窟大仏の破壊		
	9/9	タハール州にて反タリバン派のマスード司令官爆殺事件。アル・カーイダによる犯行とされる		
	9/11	アメリカ同時多発テロ事件（日本人24人を含む約3,000人が死亡）		
	9/15	ブッシュ大統領，ビン・ラディンを「主要な容疑者」と言明		

9/16	ビン・ラディン，事件への関与を否定（2006年５月に自らが命令を下したと認める）	ラバニ	ムハンマドオマル
9/18	国連安全保障理事会，タリバン政権にビン・ラディン容疑者の即時引渡しを要求		
9/19	日本政府テロ対策関係閣僚会議において「米国における同時多発テロへの対応に関する我が国の措置について」を決定		
9/20	ブッシュ大統領，上下両院合同会議にて，9.11事件の犯人をアル・カーイダと断定，タリバンに対し，アル・カーイダ指導者の引渡しを要求		
9/21	タリバン政権は証拠が示されなければ要求は受け入れられないと声明		
9/21	米空母キティホークが横須賀基地を出港，海上自衛隊護衛艦が同行		
10	ラクダール・ブラヒミがアフガニスタン担当事務総長特別代表（SRSG）就任		
10/2	NATO が，同時多発テロはビン・ラディンとアル・カーイダの犯行と断定		
10/2	NATO は集団的自衛権を定めた北大西洋条約第５条を1949年の設立以来初めて発動，アフガニスタンでのテロとの戦いに乗り出す		
10/5	２年間の時限立法として，自衛隊等の部隊活動等を定めた「テロ対策特別措置法案」が閣議決定。第153回臨時国会に提出		
10/6	タリバン政権は，米国から正式な要請があれば，米国から示された証拠に基づいて，アフガニスタン国内でビン・ラディンを裁判にかける用意があると発表		

10/7	米英軍によるアフガニスタン空爆開始		
10/9	アル・カーイダが対米報復を宣言		
10/19	アフガニスタンにおける地上戦開始		
10/26	有力指導者 Abdul Haq がタリバンに捕獲され，26日処刑。父方の曾祖父 Wazir Arsala Khan は1869年アフガニスタンの外務大臣。Abdul Kadir は2002年に副大統領となるも暗殺。息子の Zahir Kadir は下院議員。Haji Din Mohammad は兄というアフガニスタンの有力者一族		
10/29	日本，「テロ対策特別措置法案」成立，11月２日に公布，施行		ムハンマドオマル
11/1	日本，対テロ戦争の一環として給油活動開始		
11/3	アルジャジーラ，ビン・ラディンが国連などを非難したビデオを放送		
11/9	タリバンよりマザリシャリフ奪還	ラバニ	
	タリバンよりヘラート奪還		
11/13	タリバン，カブール撤退，米軍，NATO 軍，北部同盟軍がカブール入城，制圧		
11/14	国連安全保障理事会決議，1378号を採択，新政府の設立および緊急会議開催支持		
11/19	パキスタンがタリバンと断交		
11/25	2001年以降のアフガニスタンにおける最初の米軍関係者の戦死。Johnny Michael Spann（CIA paramilitary officer）		
11/25	日本，テロ対策特別措置法に基づく派遣命令で自衛艦３隻がインド洋に向け出港		
11/26	タリバンよりクンドゥズを北部同盟が		

	奪還	ラバニ
12/5	ボン合意。暫定政権樹立，国際治安部隊設立を合意	
12	国連安全保障理事会決議，1333号を採択，アフガンの状況を「紛争」と定義	
12/6	国連安全保障理事会決議，1383号を採択，ボン合意を支持	
12/7	タリバンがカンダハルを放棄・敗走	
12/13	ビン・ラディンが同時多発テロ（を回想している）関与の証拠とするビデオを米国防総省が公開	
12/20	国連安全保障理事会決議，1386号を採択，ISAF 設立の承認	
12/21	国連はブラヒミ SRSG をカブールに派遣	
12/22	Afghan Interim Authority（AIA）・Interim Administration of Afghanistan（IAA）暫定行政機構が発足。暫定行政機構は，カルザイ議長以下，5人の副議長を含む30人の閣僚で構成	ハミド・カルザイ
2002 1/10	米軍，アフガンで拘束したタリバン，アル・カーイダの捕虜をキューバの海軍基地に移送開始	
1/21～22	アフガニスタン復興支援国際会議（東京）。援助プレッジ総額45億ドル（5億ドルを日本拠出） 共同議長：パウエル米国務長官，田中真紀子外務大臣，緒方貞子アフガニスタン支援政府特別代表	
2	在カブール日本大使館再開，駒野欽一臨時代理大使	
3	国連安全保障理事会決議，1401号を採択，UNAMA 設置の支持	
4/18	ザヒール・シャー元国王が帰国	

6/11 ～19	カブールにて緊急ロヤ・ジルガ（代議員1,650名参加。3日間の延長）。カルザイを大統領に選出，1）カルザイ暫定政権議長がアフガニスタン移行政権の大統領に選出され，2）移行政権主要閣僚および最高裁判所長官の人事を承認。移行政権（Afghan Transitional Authority）発足 カルザイ大統領の父親は元国会副議長。タリバン時代に父親が自宅前で殺害され，カルザイは反タリバン。ポパルザイ族出身		
7/6	アブドル・カディール副大統領がカブールにて暗殺される。Abdul Haq, Haji Din Mohammad 元ナンガルハル州知事は兄弟		
10/10	パキスタン下院（国民議会）および州議会を対象とした総選挙実施		
10/12	インドネシア，バリ島で爆弾テロ。日本人夫婦を含む約200人が死亡	ハミド・カルザイ	
11/8	アル・カーイダ，インドネシア・バリ島での爆弾テロの犯行声明を発表		
11/12	アルジャジーラが各地のテロを賞賛するビン・ラディンの録音テープを放送		
11/28	ケニア南部モンバサで同時自爆テロ。アル・カーイダが犯行声明		
12/8	アル・カーイダ，ケニア・モンバサでの同時自爆テロの犯行声明を発表		
12/22	近隣6か国との「善隣友好関係に関するカブール宣言」調印		
2003 2/11	アルジャジーラが対米テロを呼びかけるビン・ラディンの録音テープを放送		
2	ブッシュ大統領，国家戦略を発表。テロ支援国家への先制攻撃も辞さない方針を強調		

2	アフガニスタンの「平和の定着」に関する東京会議（第1回）。DDR の促進を目的		
3/20	米軍のイラク攻撃開始。イラク戦争開始		
4/8	ビン・ラディンが米英への自爆攻撃を呼びかけたとされるテープを AP 通信が入手		
4/9	バグダッド陥落		
5/1	ブッシュ大統領，イラクでの大規模戦闘終結を宣言		
10/13	国連安全保障理事会，決議1510号を採択。ISAF の権限がカブール外へ拡大。2004年北部，2005年西部，2006年7月南部，2006年10月東部へと拡大		
10/18	アルジャジーラがビン・ラディンとされる人物の録音テープを放送。日本を名指しで報復宣言	ハミド・カルザイ	
10	パキスタン軍，FATA 南ワジリスタンにて初の軍事作戦		
12/13	イラクのフセイン大統領を，イラク北部ティクリート近郊で拘束		
12/14～1/4	憲法制定ロヤ・ジルガ。アフガニスタン全土から502人の代議員が出席。1月4日，民主的な手続きを通じてアフガニスタンの新憲法が採択・発効（1月26日公布）		
2004	米 CIA，パキスタンにおいて無人機による攻撃を開始		
1/16	日本，陸上自衛隊の先遣隊が出国，イラクでの支援活動を開始		
3/31～4/1	アフガニスタンに関するベルリン会議開催。国際社会は総額45億ドル以上の支援をプレッジ。日本は2年半で5億ドルの支援，1億ドルの人道支援を含		

	め，2006年3月までの支援総額を10億ドルと表明		
6	「国境なき医師団（MSF）」バドギス州内で5人の援助活動従事者が殺害されたことを受け，アフガニスタンから撤退		
10/9	大統領選挙。アフガニスタン全土およびイラン，パキスタンで投票が実施され，11月3日，カルザイ大統領が55.4%を得票して当選		
10/29	ビン・ラディンが米同時多発テロへの関与認める		
12/7	カルザイ大統領就任		
2005 7/7	ロンドン同時多発テロ。地下鉄3か所，バス1台が対象。50人以上死亡		
9/18	アフガニスタン下院議員選挙・州議会議員選挙。アフガニスタン全土で実施され，下院議員249人と州議会議員420人が当選。得票率は約50%	ハミド・カルザイ	
10/1	インドネシア・バリ島にて爆弾テロ。約20人死亡		
10/8	パキスタン大地震。パキスタン側で死者約73,000人，インド側で矢う1,300人		
11/14	アフガニスタン，南アジア地域協力連合（SAARC）への加盟達成		
12/19	上下院議員が一堂に会した国民議会の開催。ボン・プロセス完了		
2006 春	タリバンの攻勢が強まる		
1/31～2/1	ロンドン支援国会議（援助総額105億ドルプレッジ）。成果文書 Afghan Compact を採択。i-ANDS（PRSP 暫定版）を発表。日本は4億5,000万ドルの追加支援表明		
5	ビン・ラディン，9.11テロを命令したことを認める		

	6/7	「イラクの聖戦アル・カーイダ組織」を率いるザルカウィ容疑者がバクダッド近郊で米軍によって殺害		
	7/5	アフガニスタン「平和の定着」に関する第2回東京会議（DDR/DIAG が議題）		
	7/11	インド・ムンバイで列車テロ。約200人死亡		
	7/25	日本，陸自がイラクからの撤収を完了		
	11	ISAF，アフガニスタン全国展開完了		
	12/30	フセイン元大統領の死刑執行		
2007	1	モハマド・イスラム・モハマディ下院議員（サマンガン。元タリバン），2001年以降，暗殺された初めて議員		
	2	議会，軍閥等の戦争責任を不問にする「国民和解法案」を可決		
	7/15	ビン・ラディンが世界のムジャヒディンに殉教を呼びかけ。過激派ウェブサイトに掲載されたビデオ映像にて。2年9か月ぶりに姿を現す	ハミド・カルザイ	
	8	ロシアとアフガニスタン，対ロ債務90%の免除を合意。対ロ債務111億3,000万ドルのうち，約100億円を免除。アフガニスタンの債務総額は約120億ドル		
	10	パキスタン大統領選挙		
	11	ムシャラフ大統領の再選確定，陸軍参謀長を辞任		
	12	ブット元首相暗殺事件		
	12	韓国軍，キリスト教系ボランティアがタリバンに拉致・殺害されたことを受け撤退		
2008		ボーダフォンの技術を使ったモバイル・バンキング・サービス，M-Paisa		

	をアフガニスタンで開始		
1	Kabul Serena Hotel へのタリバンによる自爆攻撃。8人死亡		
2	アフガニスタンの「平和の定着」に関する第3回東京会議開催		
3/31	パキスタンでギラニ内閣発足		
6	パリ復興支援会合。最終版 ANDS（PRSP）を公表		
8/18	ムシャラフが大統領を辞任		
9/9	ザルダリ PPP 共同議長が大統領に就任。1999年ムシャラフによるクーデター以前の民主制に復帰		
2009	アフガニスタンにおいて，女性への暴力が犯罪と規定された法が成立		
1/20	オバマ政権発足		
1/29	大統領選挙を8月20日まで延期すると政府が言及と報道	ハミド・カルザイ	
1/14	ビン・ラディンと見られる人物がイスラエルのガザ攻撃を非難。イスラム教徒にジハードを呼びかけるビデオ声明をウェブサイトに掲載		
2	ホルブルック・アフガニスタン問題担当特使がアフガン訪問，オバマ大統領は大統領選挙における治安維持を目的として17,000人の米軍増派を了承		
3/27	米軍21,000人増派。オバマ大統領，アフガニスタン包括戦略発表		
4/17	パキスタン・フレンズ東京閣僚会合および支援国会合		
4/22	Band-e-Amir 公園を，アフガニスタン最初の国立公園として認定		
6/21	日本は UNAMA と共同議長として，アフガニスタンの安定に向けた DIAG（非合法武装集団の解体）会議（警察		

	改革との連携）開催		
6/26	日本政府派遣職員4人が，ゴール州チャグチャランでPRT活動に参加		
6/30	「国境なき医師団（MSF）」がアフガニスタン政府とMoU。5年ぶりの活動再開。ヘルマンド州ラシュカルガーおよびカブール市内病院での医療提供を発表		
8/20	アフガニスタン大統領選挙，州議会議員選挙（全国420小選挙区，420人）		
10/15	オバマ大統領，「パキスタンとのパートナーシップ増進法」（ケリー＝ルーガー＝バーマン法）に署名		
10/28	カブール市内国連コンパウンドが襲撃され，職員5人が死亡。11月5日に国連はアフガニスタン滞在職員600人に対し一時退避命令		
10/30	韓国外交通商部報道官，韓国軍のアフガニスタン再派兵を発表。パルワン州にて500人からなるPRTとして農業・農村開発，警察訓練に従事。派遣期間は2010年7月から2012年末まで	ハミド・カルザイ	
11/1	大統領選挙第1回目投票で2位だったアブドラ元外相が決選投票の辞退を発表		
11/2	カルザイ大統領当選（決選投票無しと決定）		
11/7	大統領選挙決選投票予定日。アブドラの辞退のため実施せず		
11/10	日本政府，今後5年間で総額50億ドルの民生支援を決定		
12/19	カルザイ大統領2期目就任		
	オバマ大統領，ニューヨーク州内（West Point）で演説。アフガニスタン新戦略発表。2010年夏までに，アフ		

12/1	ガニスタンに30,000人増派を発表。内5,000人をアフガニスタン治安部門の訓練に専用充当。2011年7月の撤退開始目標を表明		
2010 1	ロンドン会議（2001年以来から数えて6回目に相当する国際会議）。HIPCs Initiative で WB と IMF が16億ドルの債務救済		
1/26	WB と IMF は，アフガニスタンが重債務貧困国の基準に達したと発表。HIPCs イニシアティブに基づき，アフガニスタンの債務残高21億400万ドルのうち，パリクラブ保有10億2,600万ドルを免除		
1/26	「アジアの中心（Heart of Asia）」会合。イスタンブール友好・協力サミット（The Istanbul Summit on Friendship and Cooperation）		
2/14	タジキスタンからアフガニスタンへの送電線敷設工事が開始，10か月で終了予定（タジキスタン－アフガニスタン鉄道敷設プロジェクトも進行）	ハミド・カルザイ	
2/17	パキスタン・カラチにて，アフガン・タリバン No. 2 のアブドゥル・ガニ・バラダル師を米国が拘束		
2/23	2001年以来，アフガニスタンで死亡した米兵は1,000人となる		
3/11	パキスタン－アフガニスタン，2国間貿易促進のため輸送経路強化宣言に署名		
3/24	サウジアラビア内務省，国内でテロを計画していたとして，アル・カーイダの活動家113人を逮捕したと発表		
3/25	アルジャジーラは，ビン・ラディンのものとされる音声声明を放送。ビン・ラディンは米同時多発テロの首謀者ハリド・シェイク・モハメド容疑者らが		

	処刑されれば米国人に対し復讐すると警告		
4/20	5月4日まで議会選挙立候補登録		
5/10～14	カルザイ大統領のアメリカ訪問		
5/10	タリバンの幹部評議会が，5月10日からアフガニスタン全土で外国人およびその代理人を攻撃対象とした「アル・ファトフ（アラビア語で「勝利」の意）作戦」を実行すると宣言		
5/22	米軍のアフガニスタン派兵数が9万4,000人となり，イラクの9万2,000人を超える。アメリカの主戦場の移り変わり		
5/27～28	和平ジルガ事前会合		
6/2～4	平和ジルガ（Afghanistan's National Consultative Peace Jirga（NCPJ））開催。アフガニスタン全土から各界代表等約1600人が参集	ハミド・カルザイ	
6/7	ベトナム（103か月）を抜いてアフガニスタン（104か月）がアメリカの最も長い戦争に		
6/21	アフガニスタンで戦死した英国兵300人に		
6/23	駐留米軍トップのマクリスタル司令官解任		
6/30	アフガニスタンでの外国軍月間死者数が2001年以来最悪の103人に		
6/30	アフガニスタンでの月間米兵死者数は60人（過去最悪を更新）		
7/4	ペトレイアス大将，アフガニスタン駐留米軍司令官に就任		
	アフガニスタン・パキスタンは越境貿易交渉（APTTA）で基本合意。パキ		

7/18	スタンのファヒム商業相とアフガニスタンのアハディ通商相が合意文書に署名。協定は，アフガニスタンからパキスタンを経由し，インドに至るルートの物流を増やし，復興途上にある内陸国アフガンの経済発展につなげることが目標だが，合意ではインドからアフガニスタンへの輸出は認めていない	ハミド・カルザイ	
7/20	アフガニスタン安定化に関する閣僚級国際支援会合（カブール）。治安権限を14年末までにアフガニスタン側に前面委譲する計画を了承。NPP（National Priority Program）への国際支援の再編成，再統合プログラムの提示。日本からは岡田外務大臣が出席		
7/31	アフガニスタンでの月間米兵死者数は66人（過去最悪更新）		
7/31	アフガニスタンでの外国軍月間死者数は88人		
8/11	アフガニスタン国軍兵士総数が13万4,000人に到達。予定よりも２か月早い目標数値の達成。ペトレイアス駐留米軍司令官発表		
8/14	アフガニスタンでの2001年以降の外国軍累計死者数が2,000人を超える		
8	８月末，オバマ大統領による３万人増派完了		
8	Afghan Local Police 導入。地域での有給武装警察活動。給与は5,000アフガニー／月		
9/6	アフガニスタンでの外国軍死者数が500人を超える（2010年で）		
9/18	アフガニスタン下院（Provincial Council）議員選挙（９月18日投票）。投票センター：全国6,835。うち開設できず：938。開設された投票センター：約		

	5,900（5年前より400減少）。立候補者：2,502人。有権者登録カード：1,740万人		
9/20	英軍は米軍に Sangin, Helmand の任務を引き渡し		
9/21	2010年外国軍の死者数が529人となり，2009年累計521人を上回る		
9/29	和平評議会（High Peace Council）が発足。メンバーは70人超の予定。ラバニ元大統領が議長。ムジャディディ上院議長，ワルダク教育相等がメンバー		
10	中央アジア地域経済協力（CAREC）閣僚会議にてアフガニスタンが議長国（於：（治安上の理由により）フィリピン・セブ島）		
10/7	クンドゥズ州知事 Muhammad Omar がモスクにて爆殺		
10	アフガニスタン下院議員選挙，暫定結果発表	ハミド・カルザイ	
10	米パキスタン戦略対話で，米がパ軍に2012から5年間でオントップで20億ドル支援。対テロ戦兵器調達などの支援金。民生支援は議会がすでに75億ドルを承認		
10/25	駐留外国軍兵士の死者数が600人		
10/27	アルジャジーラが，ビン・ラディンがニジェールでのフランス人拉致を認め，仏軍のアフガニスタン撤退を求める声明を報道		
10/28	アフガニスタン・パキスタン越境貿易協定締結（APTTA）。（7月18日基本合意済み）署名者：Dr. Anwar ul Haq Ahadi（Afghan Commerce Minister）Makhdoom Amin Fahim（Pakistan Commerce Minister）		

	11/19 ～20	NATO サミット（リスボン）：米軍・NATO 軍の2014年までの戦闘任務終了を目指す計画を策定 Irreversible Transition として，アフガン治安部隊増強を計画（Transition 策定）。2012年５月 NATO シカゴサミットにおいて PRT 諸国によって承認		
	11/24	アフガニスタン下院議員選挙開票，最終結果公表（34州中１州の Ghazni は後日発表）		
	12/1	アフガニスタン下院議員選挙開票，最終結果確定（34州中１州の Ghazni 州の結果確定，全９議席をハザラ系が獲得。249議席中59議席を獲得）		
	12/16	アメリカ政府，アフガニスタン戦略レビューを発表		
	12/19	駐留外国軍兵士の死者数が700人に到達	ハミド・カルザイ	
2010		2001年以来，アフガンとイラクに投じたアメリカの戦費は１兆ドル超。 2010年，ISAF 等の戦死者708人。うち米兵498人（CNN）		
	1	2011年早々より治安権限の移譲開始		
	1/12	アフガニスタン・パキスタン通関貿易協定締結。２月に発効予定		
	2/13	TTP（Afghanistan-Pakistan Transit Trade Agreement）発効（2010年10月28日署名）		
	2/18	クリントン国務長官，タリバンとの交渉にあたって，アル・カーイダとの離別を，もはや前提とはしないと言及		
	3/10	クンドゥズ州警察長 Abdul Rahman Sayedkhili が暗殺される		
		アフガニスタン３州４都市の治安権限		

3/22	移譲を7月から開始とカルザイ演説。（1郡（Surobi District）を除くカブール州，バーミヤン州，パンジシール州，バルフ州マザリシャリフ市，ヘラート州ヘラート市，ヘルマンド州ラシュカルガー市，ラグマン州マフタルラム市）		
4/10	サマンガン州からスウェーデンとフィンランドPRTが撤退		
4/15	カンダハル州警察長 Khan Mohammad Mujahid が州警察本部への攻撃で死亡		
5/1	パキスタン・Abbottabad にてオバマ大統領の指令で米部隊がビン・ラディンを殺害（現地時間5月2日午前1時頃から40分頃までの特殊部隊作戦任務），死体を確保		
6/12	TTP（Afghanistan-Pakistan Transit Trade Agreement）の完全執行（full implementation）。1965年の協定の改訂実施	ハミド・カルザイ	
6/19	ゲーツ国防長官，米国とタリバンの交渉を公式に初めて認める		
6/22	米，オバマ大統領，駐留米軍の撤退計画発表（ホワイトハウスにて）。 アフガニスタンにおける年間戦費は1,200億ドル。 アフガニスタン累計戦費4440億ドル。 イラクとアフガニスタンに累計戦費1兆ドル。 アフガニスタン向け民生支援累計188億ドル（2002-2010）（上院外交委員会6月7日）		
6/29	米，オバマ大統領，対テロ戦新戦略「テロとの戦いに関する国家戦略」を発表。旧戦略は2003年2月策定		

6/30	ゲーツ国防長官辞任		
7/1	パネッタ元 CIA 長官が国防長官に就任		
7/10	米，パキスタン向け軍事援助８億ドルを停止		
7/12	Ahmad Wali Karzai 州議会議長が，長年担当してきた護衛（Head of Security）によって射殺		
7/15	米軍撤退第１陣約650人がアフガニスタンを離れる		
7/17	治安権限委譲の開始①，バーミヤン州の治安権限を，ISAF からアフガニスタン側へ委譲		
7/18	ペトレイアス司令官，指揮権を後任のジョン・R・アレン海兵隊大将へ引き継ぐ。正式に ISAF 総司令官兼アフガニスタン駐留米軍司令官を退任		
7/19	治安権限委譲の開始②，ラグマン州都マフタルラム市の治安権限を，ISAF からアフガニスタン側へ委譲	ハミド・カルザイ	
7/20	治安権限委譲の開始③，ヘルマンド州都ラシュカルガー市の治安権限を，ISAF からアフガニスタン側へ委譲		
7/21	治安権限委譲の開始④，ヘラート州都ヘラート市の治安権限を，ISAF からアフガニスタン側へ委譲		
7/23	治安権限委譲の開始⑤，バルフ州都マザリシャリフ市の治安権限を，ISAF からアフガニスタン側へ委譲		
7/24	治安権限委譲の開始⑥，パンジール州の治安権限を，ISAF からアフガニスタン側へ委譲		
7/25	治安権限委譲の第１段階の完了⑦，カブール州の治安権限は，ISAF からアフガニスタン側へすでに部分的に委譲		

	していること，第1段階が完了		
7/27	カンダハル市長 Ghulam Haidar Hameedi，自爆テロで暗殺される		
7/28	ウルズガン州知事公舎が襲撃されるも知事は無事。死者20人前後		
8/14	タリバン，パルワン州知事公舎襲撃		
8/15	カンダハル州警察長官，Gen Khan Mohammad Mujahid が暗殺		
8/28	アル・カーイダのアティヤ・アブドゥルラフマン容疑者（アイマン・ザワヒリに次ぐ No. 2）をパキスタンにおいて殺害		
8/31	米軍，2011年8月の戦死者数66人，過去最高（2010年7月65人）を更新		
9/6	ペトレイアス元司令官，CIA 長官に就任		
9/9	米，オバマ大統領，国際テロ組織アル・カーイダなどによる反米宣伝に対抗するため，米国外での広報活動を強化する大統領令に署名。反米思想を流布する組織に反論し，テロリストの勧誘や外国市民の過激化を食い止めるのが狙い。大統領令によると，国務省が各省庁と連携し，国外のテロ組織や過激派が発信するメッセージを分析。反証を挙げながら広報活動を行う	ハミド・カルザイ	
9/15	キルギスとタジキスタン両国は，2010年12月に調印した越境交通協定（CBTA）にアフガニスタンが加盟することで最終合意。CBTA は2001年に発足した CAREC（中央アジア地域経済協力）の下部機構		
9/20	ラバニ高等和平評議会議長（元大統領），カブールにて暗殺		
9/30	Mike Mullen（提督／大将）が統合参		

	謀本部議長を退任		
10/1	Martin E. Dempsey（大将）が統合参謀本部議長に就任		
10/15	パンジシール州 NATO・PRT 事務所で自爆テロ。兵員死傷はないものの，民間人２人が死亡。パンジシール初の自爆テロ		
10/19	アフガニスタン駐留フランス軍第１陣200人がカブール州から撤収，出国。今回撤退したフランス軍は 2nd Foreign Airbonrne Regiment が主体		
10/26	IDLG が17州の治安権限移譲を発表。対象17州は以下：バルフ，ダイクンディ，パルワン，ニムローズ，サマンガン，サリプル，タハール，ガズニ，ゴール，ヘルマンド，ヘラート，カブール，ラグマン，バドギス，バダクシャン，ナンガルハール，ワルダック		
11/16 ～11/19	伝統的ロヤ・ジルガ。米国との関係，反政府武装勢力との和解策等を討議。2024年までの米軍駐留，夜襲の停止，アフガニスタン国土から他国への攻撃に不使用等を是認	ハミド・カルザイ	
11/27	カルザイ大統領，治安権限移譲第２フェーズ対象地域を発表。人口の50％が今回の治安権限移譲でアフガニスタン側の管理下に入る		
	州：①バルフ，②ダイクンディ，③タハール，④サマンガン，⑤ニムローズ		
	市：①Jalalabad（ナンガルハール），②Chaghcharan（ゴール），③Shibirghan（ジョーズジャン），④Fayzabad（バダクシャン），⑤Ghazni（ガズニ），⑥Maidan Shah（ワルダック），⑦Qala-e Now（バドギス）		
	郡：（バダクシャン）①Yaftal-e-Sufla,		

	② Arghanj Khwah, ③ Baharak, ④ Tashkan, ⑤ Kishim, ⑥ Argo（バドギス），⑦Ab Kamari（ヘルマンド），⑧Nawa, ⑨Nadi Ali（ラグマン），⑩ Qarghayee（ナンガルハール），⑪ Behsud, ⑫ Quskunar, ⑬ Sorkhrud（ワルダック），⑭Beh Sud, ⑮Jelriz, ⑯ Markazi Behsud（ヘラート），⑰ Adraskan, ⑱ Injil, ⑲ Fersi, ⑳ Ghoryan, ㉑ Gulran, ㉒ Guzara, ㉓ Karrukh, ㉔Kushk, ㉕Kushk-i Kuhna, ㉖Kohsan, ㉗Pashtun Zarghun, ㉘Zendajan（パルワン），㉙Bagram, ㉚Jabulsaraj, ㉛Koh-i Safi, ㉜Sayyid Khel, ㉝ Salang, ㉞ Shaykh Ali, ㉟ Surkhi Parsa（サリプル），㊱Balkhab, ㊲ Gosfandi, ㊳ Kohistanat, ㊴ Sangcharak, ㊵Sozma Qala（カブール），㊶Surobi		
12/5	ボン会議（10周年を記念し，同地開催）（アフガニスタンに関するボン国際会議）合計100を超える国家・国際機関が出席，「権限移譲（transition）から変革（transformation）の10年へ」がテーマ。会議の最後に，会議総括を採択。アフガニスタンへの権限移譲が終了する2014年以降の2015年から2024年までの変革の10年においても，国際社会としてアフガニスタンを支援していく，との強い政治的意思を表明	ハミド・カルザイ	
12/18	イラク，最後の駐留米軍部隊がクウェートに出国し，米軍撤退完了。約9年の戦争終結。米兵約4,500人が戦死，イラク人少なくとも6万人が犠牲		
12/21	マザリシャリフからウズベキスタンまでの75キロの鉄道開通		
12/22	米軍，1万人の撤退を完了，現有9万人規模となる		

12/27	カルザイ大統領，タリバンがカタールに事務所を開くことを承認		
2011	国際部隊の死者数が2001年以来初めて減少。2010年の711人から2011年566人へ減少（iCasualities）		
2011	アフガニスタンの民間人死者は統計を取り始め2007年以来過去最悪の3,021人。負傷者は4,597人。2010年の死者は2,790人（UNAMA）		
2012 1/3	タリバン，カタールに事務所を設けることに合意したと発表。交渉に関するタリバンによる初の公式発言		
1/17	UNAMA 新代表ヤン・クビシュ（Ján Kubiš）就任		
1/22	アフガニスタン政府，グアンタナモ拘束中の武装勢力兵士を，ドーハに移送することに関し，米と同意		
1/30	アフガニスタン，イランが経済貿易協定を締結・署名。イランの Chabahar 港からニムローズまでの700キロの陸送が主となる。カラチよりもアフガニスタンへの距離が近く，両国関係は優良なため，物流がスムーズになると期待	ハミド・カルザイ	
2/4	UNAMA, 2011年アフガニスタン民間人死者3,021人と発表。前年比８％増，2007年統計開始以来過去最悪。５年連続の増加。2007年は1,523人の死者数から2011年はほぼ倍増		
2/17	イスラマバードで，ザルダリ大統領，アフガニスタンのカルザイ大統領とアフマディネジャド大統領が会談		
2/18	カルザイ大統領はイスラマバードで，初めて公式なアフガニスタン・タリバン側宗教指導者と和平会談を実施		
	バグラム収容所を米軍からアフガニス		

3/9	タンへ管轄権限移譲する時期を6か月後とする旨，米国−アフガニスタン間で合意・MoU 署名。なお，必要に応じて米国は立ち入り，収容者への尋問，釈放阻止の権利を有するとされる		
3	タリバン，米国との和平交渉協議打ち切りを表明		
4/14	高等和平評議会議長に，ラバニ元大統領の息子，サラフディン・ラバニ駐トルコ大使（1971生まれ）が就任		
4/17	TAPI パイプラインのアフガニスタン通過料に関し，アフガニスタン・パキスタン・インドの3か国の間で合意。ADB の出資で，2014年までに基礎調査を完了し，同年着工，2016年より運用開始の見通し。なお，通過料金額は未開示		
4/27	パキスタンにて，4月2日，不法入国の罪で有罪判決を受けていた，ビン・ラディンの妻3人と子供たち14人が，パキスタンから強制送還。サウジアラビア着	ハミド・カルザイ	
5/2	1日夜，アフガニスタンに到着し，2日，オバマ大統領とカルザイ大統領，戦略的パートナーシップ署名（アフガニスタン時間2日。米東部夏時間1日夜）。バグラム空軍基地からの演説を米国内で中継。アフガニスタンを「NATO 非加盟の主要同盟国」として指定。軍事面での米国からの優遇を可能に		
5/12	ISAF の戦死者数が3,000人に到達		
5/13	カブールで反政府武装勢力タリバンとの和平交渉を担当する高等和平評議会の幹部，アルサラ・ラフマニ氏（68歳，元タリバン政権教育副大臣）が銃で撃たれて死亡。和平評議会はカルザイ大		

	統領が反政府勢力との交渉のために2年前に設立。ラフマニ氏は同評議会の最高幹部のひとり		
5/13	治安権限移譲第3フェーズ発表。第3フェーズが完了した段階で，全国34州すべての州都の権限移譲が完了し，全国の370郡（含暫定6郡）のうち260郡，人口の75％を移譲済み地域がカバーする予定。治安権限移譲は，全部で5フェーズ。2014年末までに第5フェーズを完了し，アフガニスタン全土の治安がアフガニスタン治安部隊の責任下に置かれる計画		
5/20～21	第25回 NATO サミット（シカゴ）。NATO 加盟28か国の他，非加盟の13か国が出席。カルザイ，ザルダリ参加。日本からは玄葉外相。20日65項目から成る「シカゴ宣言」を採択。21日はアフガニスタン支援関係国会議に約60か国が参加。2013年中に戦闘主体から訓練・支援主体に任務を切り替えていくことを合意。14年までに ISAF 戦闘任務を終了し，治安権限を移譲，15年以降も訓練・支援は継続。アフガニスタン部隊23万人に年間41億ドル（約3,810億円）の資金援助を行うことで合意。現在の ANSF 兵力は35万2,000人	ハミド・カルザイ	
5/20	フランス・オランド大統領は，アフガニスタン駐留フランス軍撤退を2年早め2012年中とする一方で，訓練・支援部隊は残すと表明		
5/26	アフガニスタン議会は，米国との戦略的パートナーシップ協定を承認		
6/5	アフガニスタンにおける米軍戦死者数が2,000人		
6/6～7	上海開発機構にカルザイ大統領出席。同機構のオブザーバーから準加盟国へ		

	昇格		
6/24	中国国営石油会社（China National Petroleum Company）がサリプル州にて石油採掘を日量5,000バレルで開始。4万5,000バレルにまで拡大予定		
6/27	同志社大学大学院グローバル・スタディーズ研究科主催「アフガンの和解と平和構築の国際会議」において，2001年タリバン政権崩壊後初めて，国際会議へ代表を派遣。政権側が公の場でタリバンと同席するのも初		
7/6	米，オバマ大統領は，アフガニスタンを北大西洋条約機構（NATO）に非加盟の主要な同盟国に指定したと発表。非 NATO の同盟国となることで，米国製兵器を購入するための資金援助などが可能に。オーストラリア，エジプト，イスラエル，日本などに続いて15番目の国となる。14番目は隣国パキスタンで，2004年に指定	ハミド・カルザイ	
7/8	日本を含め56か国・26機関の代表者が参加した「アフガニスタンに関する東京会合」（閣僚級国際会議）。国際社会が2015年までに総額160億ドル（約1兆2,800億円）超を支援すると明記した「東京宣言」を採択して閉会。玄葉外相は，日本は2012から約5年間でインフラ整備や農業分野を中心に最大約30億ドル（約2,400億円）の支援を実施すると説明。米国の対アフガニスタン民間支援額は2001年以降，10億ドル（796億円）から過去最高額となった今年の23億ドル（1,832億ドル）で推移している。2015～2024年を「変革の10年」として国際社会は支援を継続		
7/18	治安権限移譲第3フェーズに従い，Kandahar city, Maman, Dand, Ar-		

	ghandab 郡の治安権限を移譲		
9/10	バグラム郡の Detention Center の管理がアフガニスタン側へ移管		
9/21	3万3,000人の米軍兵力，帰還終了。駐留米軍は6万8,000人規模，ISAFは約10万人規模		
10/10	オバマ米大統領は，アフガニスタン駐留米軍の新たな司令官にジョゼフ・ダンフォード海兵隊副司令官を指名した旨発表		
10/14	ハモンド英国防相は，現在アフガニスタンに駐留する1万人規模の英軍部隊のうち数千人を，2013年中に撤退させる方針を発表		
10/14	ギラード豪首相のアフガニスタン訪問。カルザイ大統領と会談，2014年末までの治安権限の完全移譲後も治安維持活動に協力していく旨言及		
10/22	アフガニスタン鉱山省は，中国国有企業「中国石油天然気集団公司（CNPC）」が北部のアム・ダリア油田で原油生産を開始と発表	ハミド・カルザイ	
10/24	タリバン最高指導者オマル師は，「武力闘争とともに政治的な取り組みも継続していく」との声明を発出し，米国との対話を継続する方針を示唆		
11/5	国連安全保障理事会のタリバン制裁委員会は，パキスタンを拠点にアフガニスタンでテロ活動を行う「ハッカニ・ネットワーク」および指導者アブルル・ラウフ・ザキールを同委員会の制裁リストに追加。渡航の禁止，武器禁輸，資産凍結等を実施		
11/10	カルザイ大統領訪印。12日，インド・アフガニスタン首脳会談。石炭資源開発等の4分野の覚書を締結。同大統領		

～12	がインド投資を歓迎する一方，シン印首相は農業開発や社会基盤整備等での協力を強化していく点を強調		
11/12	訪パ中のラバニ（Salahuddin Rabbani）アフガニスタン高等和平評議会議長は，カル外相と会談。ラバニ議長は，タリバンとの和平交渉がアフガニスタンの安定に向け必要と言及し，タリバンに影響力を持つとされるパキスタンに対し協力を要請		
11/13	ハッカニ・ネットワークの司令官は，タリバン指導者の指示の下で，米国との和平協議に参加する意向を示唆		
11/14	パキスタン政府は，タリバンとの和平交渉を目指すアフガニスタンの要請を受け，国内で拘束している隣国のタリバン・メンバーの一部を釈放すると発表		
12/4 ～6	NATO 本部にて North Atlantic Council（NAC）開催。アフガニスタンの Transition Process も議題。アフガニスタンからはラスール外務大臣が出席。国際治安支援部隊（ISAF）撤退後のアフガニスタン治安部隊への資金提供メカニズムを協議。関係52か国が2014年以降もアフガニスタンを支援することを確認	ハミド・カルザイ	
12/10	米国防総省は，2012年４～９月のアフガニスタン治安情勢に関する報告書を発表。反政府武装勢力による襲撃件数は前年同期比約１％増で，治安状況に大幅な改善はなしとした。アフガン兵が外国駐留部隊などを襲撃する「インサイダー攻撃」の発生件数が，2011年の43件に対し，2012年は９月末までに66件に達した		
	最後のフランス軍戦闘部隊がアフガニ		

12/15	スタンから撤退。アフガニスタンに対するフランス軍の関与が終了。2001年から総数88人が戦死。約1,500人が機材の本国返送と ANA 訓練のために残留		
12/17	国連安全保障理事会は，アフガニスタンのタリバンとアフガニスタン政府の対話を促す目的で，制裁リストに記載されているタリバンの旅行制限を緩和		
12/20 ~21	パリにおいてフランス政府系シンクタンク（The Foundation for Strategic Research）主催会合が開かれ，アフガニスタン政府側とタリバン側，それに Hezb-e Islami が同席。タリバン側からは Maulvi Shahabuddin Dilawar。会議参加にあたり，タリバン側は「交渉ではなくタリバンの立場を国際社会へ表明するため」としている。23日タリバンは，同会議での演説内容を明らかにし，タリバンが紛争終結後に権力の独占に固執していない点や女性の通学・就労を認める一方，外国軍のアフガニスタン撤退等を主張	ハミド・カルザイ	
12/19	英国キャメロン首相が下院答弁で，アフガニスタン駐留英軍9,000人のうち約3,800人を2013年末までに撤退させる方針を発表。2012年には駐留兵力9,500人のうち500人を2012年末までに削減		
12/23	アフガニスタン政府，タリバンがカタールに事務所を設けることを正式に歓迎，カタール政府に必要な手続きを取るよう要請。タリバンは2012年１月３日に，カタールに事務所を設けることを正式に発表している		
12/30	アフガニスタン外務省は，和平交渉を進展させるべくタリバン向けの連絡事		

	務所をカタールに開設する計画を決定。近くカタール政府と協議する旨発表			
12/31	パキスタン政府，同国で拘束していたタリバンの元幹部8人を釈放したと発表。タリバン政権の元法相ヌルッディン・トゥラビも含まれている。しかし，タリバンナンバー2だった，アブドル・ガニ・バラダル師は依然，拘束されたまま			
12/31	アフガニスタン政府は，ISAFからアフガニスタン側への治安権限移譲の第4フェーズを2週間後に開始と発表。第4フェーズが終了すれば，国民の9割近く，87%）が住む地域でアフガニスタン側治安維持部隊が治安を担当することになる。今回終了した第3フェーズで国民の75%を管轄とされている			
2013 1/7	オバマ米大統領は，退任するパネッタ国防長官の後任に共和党のチャック・ヘーゲル元上院議員，辞任した中央情報局ペトレイアス前長官の後任に国土安全保障・テロ対策を担当するブレナン大統領補佐官を指名	ハミド・カルザイ		
1/11	タリバンは，米軍が完全撤退すれば，戦闘は終結する旨の声明を発出			
1/17	駐アフガニスタン米国大使がタリバンとの和平交渉に進展はない旨言及			
1/18	パキスタン政府，すべてのタリバン拘束者の解放を発表			
1/20	オバマ大統領2期目開始			
1/29	カルザイ大統領がタリバンに対し和平交渉の呼びかけ			
2/4	カルザイ大統領とザルダリ大統領，キャメロン首相は英国での首脳会談を終え，6か月以内にアフガニスタンの			

	旧支配勢力タリバンとの和平合意を目指すとの共同声明を発表		
2/5	JCMB にむけた SC（Standing Committee）開催。経済社会分野。4つの NPP と Aid Management Policy が承認され，JCMB へ付議することを決定		
2/12	オバマ大統領，一般教書演説において，駐アフガニスタン米軍を2014年2月までにさらに3万4,000人撤退させると発表。現在駐留している6万6,000人の半分以上が撤退する予定		
3/10	カルザイ大統領は，2012年3月に米国－タリバン間の和平交渉が中断した以降も，両者がアフガニスタン政府の頭越しにカタールで日常的に和平に向けた協議を継続している旨言及。同日，ヘーゲル米国防長官は，米国がタリバンと秘密裏に接触している事実はなく，アフガニスタン政府主導の和平交渉を支援していると反論	ハミド・カルザイ	
3/15	スペイン軍は，バドギス州に駐留の同国部隊がヘラート州にある同国の基地の撤収を開始した旨発表。本年秋の予定であった撤収が前倒しされた形。現在約1,400人が展開		
3/25	パルワン州バグラム郡にあるテロ容疑者収容施設を米国からアフガニスタンへ正式移管，すべてのテロ容疑者の引き渡しが完了と米軍発表。アフガニスタン政府は，施設を「パルワン国立収容所」と改名。駐留米軍は今後も施設業務の支援を継続予定		
	オーストラリア・スミス国防相がアフガニスタン駐留豪軍部隊の大半を2013年末までに撤退させる方針を発表。オーストラリア軍はアフガニスタン南		

3/26	部ウルズガン州などに約1,550人を派遣し，アフガニスタン軍兵士らの訓練などを担ってきたが，年末までに現地の拠点を閉鎖。一部の兵士らは来年も首都カブールなどで訓練にあたる予定。アフガニスタンにおいてオーストラリア兵39人が死亡，242人が負傷		
4/1	アフガニスタン駐留のポーランド軍は，ガズニ州の治安を地元警察に移管		
4/8	国連は，2013年のテロによる一般犠牲者が前年比で増加傾向と発表		
4/23	国連は，本年１～３月のテロによる民間人死者数が，昨年の同時期と比較して30％増と発表。本年に関して，少なくとも475人が死亡，872人が負傷		
4	ニュージーランド軍，バーミヤンからPRT を撤退させ，４月末にアフガニスタンから撤退		
5/26	カブール市内３か所をはじめ，全34州都において選挙人登録開始	ハミド・カルザイ	
6/11	国連は，アフガニスタンにおけるテロ攻撃の民間人死傷者が増加していると発表。2013年上半期に2,499人の民間人が死傷（昨年の同時期比で24％増）と言及。また IED（簡易爆弾）による死傷者数は41％の増加とし，2013年上半期での「ターゲット・キリング（標的攻撃）」は，昨年同時期比で42％の増加と指摘。本件について国連とタリバンが近く協議予定と発表		
6/18	治安権限移譲完了式典。権限移譲最後となる第５フェーズ（Tranche 5）で，残る 95Distrct の治安権限がアフガニスタン側へ移譲された		
6/18	治安権限移譲式典において，カルザイ大統領はカタールへタリバンとの和平		

	協議のための代表団を派遣すると発表		
6/18	タリバンがカタールの首都ドーハに事務所を開設。タリバンは，米国と直接協議を行い，アフガニスタン情勢の平和的な解決策を模索すると発表。米国に対し，交渉に入る条件として米国が拘束中のタリバン幹部５人の釈放を要求。また，米国との協議を再開させても戦闘は継続する旨強調		
6/18	カルザイ大統領は，和解交渉を担当する政府代表団を近くカタールに派遣すると表明		
6/18	米国務省は，ドビンズ特別代表（アフパク担当）が同日からカタール，アフガニスタン，パキスタン，トルコの４か国を訪問し，タリバンとの直接協議を再開すると発表		
6/19	アフガニスタン政府は，アフガニスタン主導でない限り，カタールにおいてタリバンとの和平プロセスに参加しないと表明。政府代表団のカタール派遣計画を撤回すると発表	ハミド・カルザイ	
6/19	米国務省は，タリバンとの協議再開に向けたドビンズ特別代表（アフパク担当）のカタール訪問が当面延期されたと発表。22日，同代表はカタールに到着するも，協議は実現せず		
6/20	カタール・ドーハにおいて米国とタリバンの和平交渉が予定されるも，Islamic Emirate of Afghanistan という表札を巡るアフガニスタン政府の反発等によって延期		
7/1	アフガニスタン内務省は，本年６月における治安部隊の死者数が299人であり，昨年同時期比で20％以上増加したと発表。ISAF の死者数も先月は27人であり，過去９か月間で最悪を記録		

7/9	タリバンがドーハ事務所を一時閉鎖とAP が報道。タリバン・イスラム首長国という名称表示の撤去を求められたことに対する抗議とのこと		
7/31	国連は，本年上半期における民間人死者数が1,319人に達したとする報告書を発表。民間人の死者数は前年同期比で14% 増となり，負傷者は28% 増(2,533人)。特に簡易爆弾（IED）を使ったテロ攻撃による死者は443人，負傷者は917人に上り，前年同期比で34%増加。2007年に統計を取り始めた民間人死傷者数は，2012年に初めて減少したが，今年に入り再び増加に転じた。また，女性と子供の犠牲者が増加し，子供の死者数は前年同期比の30%増に達した		
9/10	パキスタン外務省，元タリバン No. 2のアブドル・ガニ・バラダル師の釈放を発表。9月中に釈放される見通し	ハミド・カルザイ	
9/21	パキスタン外務省，元タリバン No. 2のアブドル・ガニ・バラダル師の釈放を実施		
11/18	国連は報告書を発表し，本年におけるタリバンの死傷者数（拘束者を含む）が，約１万2,000人に達すると発表。タリバンが2012年にアヘン生産を通じて約１億5,000万ドルを獲得したと指摘		
12/3	Transparency International が，2013年度の国別汚職指数を発表。2012年と同様に，アフガニスタンは，北朝鮮・ソマリアと並び177か国中最下位（175位）		
2013 末	フランス軍のアフガニスタン撤退完了		
2013 末	英軍，9,000人の駐留部隊のうち3,800人を撤退。12月英軍，7,953人の駐留		

	部隊のうち2,753人を撤退。1月15日現在の駐留兵力は5,200人		
2013 末	米軍，6万人の駐留部隊のうち2万2,000人を撤退。1月15日現在の駐留兵力は3万8,000人		
2014 1/28	オバマ米大統領は，一般教書演説で2014年以降も小規模な米軍部隊がアフガニスタンに駐留する可能性に言及。同部隊は，アフガニスタン治安部隊の訓練とアル・カーイダ等の過激派に対する対テロ作戦の実施を支援するとの見解を表明。29日，カルザイ大統領は，一般教書演説を歓迎		
2/8	UNAMA，アフガニスタンでの民間人死者（2,959人）が前年比7％増。2007年統計開始以来初めて減少した2012年から再び増加に転じた。民間人死者で最悪を記録した2011年と同水準。女性の死傷者は前年比36％増の746人，子供は34％増の1,756人で過去最多。反政府武装勢力による IED が主たる原因と指摘。負傷者数は5,656人	ハミド・カルザイ	
2/19	アフガニスタン，パキスタン，キルギス，タジキスタンが，CASA1000プロジェクトでの電力購入に関する諸規定に合意し，電力価格に関する交渉を開始		
2/22	ドバイで HPC とタリバンの交渉。HPC はタリバン政権下で財務相のアガ・ジャン・モティスム率いるタリバン分派組織と協議を行ったとの声明を発出。タリバン側が和平交渉を行う用意があり，双方は今後も協議を続けることで合意と発表。一方，タリバンは同分派とのつながりを否定		
	カナダは，12年間実施してきたアフガニスタンでの軍事任務を終了。4万人		

3/12	を駐留させた同国は，2011年に南部での戦闘任務を終了した後，カブールで小規模の訓練任務を継続していた		
5/27	オバマ大統領，ホワイトハウスにて2015年以降の駐留米軍規模を発表。2014年末までに9,800人を除き全兵士を撤退，2015年に9,800人，年末までに半減，2016年末までに完全撤退通常の大使館警護のみ残留)。米軍の主たる任務は①ANSF の訓練と装備，②対テロ作戦。28日，即時撤退を求めるタリバンは，米国の方針を非難し，米軍への攻撃継続を警告		
6/23	韓国が2010年より派遣していた地域復興支援チーム（PRT）の任務が終了し撤収	ハミド・カルザイ	
7/9	国連は，2014年上半期にアフガニスタンで戦闘やテロに巻き込まれて死亡した民間人は1,564人を超え，昨年同時期比で17％の増加と発表。負傷者は3,289人で，昨年同時期比で28％の増加。国連は，国際部隊の撤収により，反政府武装勢力が攻撃を仕掛けやすくなっていると指摘。タリバンは，民間人死者の74％が反政府武装勢力によってもたらされたとする国連の発表は事実でないと否定		
9/29	ガニ新大統領の就任		
9/30	アフガニスタンと米国との二国間安全保障協定（BSA：Bilateral Security Agreement）が，ハニフ・アトマール国家安全保障補佐官（National Security Advisor）とカニンガム駐アフガニスタン米国大使との間で署名される。同時に，SoFA（Status of Forces Agreement）がアトマール補佐官とMaurits Jochems NATO 文民代表と	アシュラフ・ガニ・アーマドザイ	

	の間で調印され，ISAF/NATO のアフガニスタン駐留に関しても法的根拠が確立された		
10/7	米英軍によるアフガニスタン空爆から13年が経過。14年目に入る。iCasualities によれば，2001年10月7日の戦闘開始以来，ISAF 将兵の死者数は3,476人。米国防省発表では，米軍将兵死者は2,335人		
10/11	アフガニスタンとパキスタン，CASA-1000（Central Asia South Asia electricity trade and transmission project）に関し，アフガニスタンにおける通過料で合意。アフガニスタンは毎年通過料として45 Million を受け取ることで合意。キルギスタンとタジキスタンからパキスタン向けの電力1キロワット当たり1.25 USD をアフガニスタンが受け取る	アシュラフ・ガニ・アーマドザイ	
12/10	米国防総省，10日付でバグラム収容所を閉鎖。これでアフガニスタンに米による収容者はいないと発表		
12/16	パキスタン・ペシャワールで，軍の運営する小学校へ武装勢力が攻撃，児童132人を含む，148人が死亡。TTP が犯行声明		
12/19	UNAMA，アフガニスタンでの民間人死者（3,188人）が前年比19%増。2008年統計開始以来最悪の状況と指摘。過去，民間人死者で最悪を記録したのは2011年。負傷者数は6,429人。UNAMA 人権局長は反政府武装勢力による攻撃が原因の死傷者は少なくとも75%と指摘		
12/28	オバマ大統領，米軍，国際部隊によるアフガニスタンでの戦闘任務の完了を宣言。米国史上最長の戦争が終結		

12/31	米軍・ISAF からアフガニスタン側への治安権限委譲完了		
12/31	タリバン，ISAF 戦闘任務終了に合わせて声明を発表。「外国の侵略者に対するジハード（聖戦）の勝利」を強調しつつ，米国との対話の可能性も示唆		
2015 1/1	Resolute Support Mission の開始，ISAF の終了。カブールにて治安権限の委譲完了式典がガニ大統領出席で開催。「我々の国土を代理戦争の戦場にはさせない」と演説。BSA および SoFA が発効		
1/18	アフガニスタン内務省（MoI），タリバン系の武装勢力が ISIS（Islamic State of Iraq and Syria）の名のもとに活動を開始していると確認したと報道		
1/20	米，オバマ大統領，一般教書演説。テロリストはパキスタンの学校から，パリの小道まで，休みなく追いかけていくと強調	アシュラフ・ガニ・アーマドザイ	
1/29	ISIL の al-Baghdadi 師，Mullah Omar を批判。Fool and illiterate warlord と評す		
2/3	クンドゥズ州知事，ISIL が同州内で活動していると言及		
2/18	UNAMA が2014年のアフガニスタン人民間人死傷者数が1万人を超え，統計のある過去6年間で最悪となったと報告。死者は3,699人で負傷者は6,849人。計1万548人は，一昨年比で22%増。アフガン治安部隊とイスラム原理主義勢力タリバンの戦闘に巻き込まれる市民が増えていることが大きな要因になっており，地上作戦での死傷者数が54%増加		

3/18	韓国 PRT，パルワン州における病院と職業訓練施設運営を終了。韓国人医師等の駐在が終了した		
4/12	UNAMA，アフガンで2015年１～３月に戦闘などに巻き込まれて死傷した民間人の数が，詳細な調査を開始した2009年以降で最悪レベルだった前年同期と比べ２％減の計1,810人と発表（死者655人，負傷者1,155人）。原因別では地上戦による死傷者が最も多く，前年同期比８％増の521人（死者136人，負傷者385人）。特に迫撃砲やロケット弾による被害が増えたとされる。73％が反政府武装勢力，14％が政府側，７％が両者の攻撃によるとされる。自爆テロによる死傷者は268人		
4/20	タリバンと ISIL が相互にジハードを宣言	アシュラフ・ガニ・アーマドザイ	
7/7	アフガニスタン政府代表団とタリバン代表団が，イスラマバード郊外 Muree で和平会談。2001年以降初の直接公式対話。８日にも協議継続の予定。米国と中国がオブザーバー参加。パキスタン政府がホスト		
7/29	タリバン最高指導者の Mullah Omar が死亡したとタリバンが確認報道。31日，後任として，Mullah Akhter Mansoor が指名されたとタリバンより発表		
7/30	アフガニスタン政府，タリバンとの第２回目となる公式協議予定だったが，Omar 師の死亡報道とタリバンによる確認のために，タリバン側の要請に基づき延期。タリバン側との停戦，そしてタリバンからの要求が議題となる予定だった		

参考資料Ⅱ　半構造化インタビュー質問票

Date

Respondent :

I. Basic Information

1．Name
Given :
Surname :
Age :

2．Address
Name of Village :
Name of District :

3．Family
Total Number of Family :
Number of Wife :
Number of Children :

Parent Father :
Parent Father in Law :
Parent Mother :
Parent Mother in Law :

Brothers :
Sisters :

4．Occupation

5．Income
Your Income (if many, please tell every income source)

Other Income
Total Family Income

6. Contact Phone Number:

7. What is your father's occupation?

8. What is your current biggest problem in the life of village?

9. If it becomes too big to handle by yourself, to whom whom do you go for help?

10. Have you ever lived outside district?
Yes
Where?:
From when to when?

No

11. As a farmer/ex-mujahid who stayed and fight in your area, how do you think city dwellers?

12. As a mujahid, from when to when did you fight?

13. Fighting against who?
Who was your commander at that time?

Do you still maintain any kind of connection with your former commander?
Yes
No

If yes, what kind of connection?

II. Land

14. Do you have your own farmland to cultivate?

Yes
No

15. Rented or Owned Land?
Rented
Owned

Since when?
From:

If rented,
How do you pay the rented land?
Money or Crop or others?

16. How many juribs?

17. What do you grow?
ex) Wheet, grape

18. Do you have any land dispute?
Yes
No

19. If yes, land dispute with who?

20. How do you think who has the power and authority to solve the land dispute?

21. Do you have your own house?
Yes
No
Rented from:

22. How many rooms
Living room
Kitchen

Others

23. In your village or near area, is there any land grabbing by the powerful?

24. If yes, please give us detail.
by who?

III. Water

25. How do you get water?

26. Free or with Payment?
(If with payment, how much?)

IV. Landmine

27. Who cleared the landmines / UXOs?

28. After the mine clearance, the price of land increased?
Yes
No

Price before
Price now

29. After the mine clearance, the number of people increased?
Yes
No

30. After the mine clearance, the cleared land became what?
Farming / Pastoral Land / Housing / Factory

31. Do you benefit from the mine clearance/battle area clearance?

32. Who do you think benefit most from the mine clearance/battle area clearance?

V. Social Relationship

33. How many people are living in your village?

34. Who has the biggest decision making power over the village matter?
Commander / Wulsowal / Mullar / Shura / others (specify)

35. How do you think the income source of the commander in your area?

36. To whom do you go if you want to ask justice on the issue of yourself, such as land dispute or village matters?
Commander / Wulsowal / Mullar / Shura / others (specify)

37. What do you rely on most?
Written Laws / Common custom in the village /
Orders or decisions by elders or the Powerful (who?)

38. Where do you go, if you want to ask help?
Shura / Court / Commander's office or house / Wulsowali

39. Do you think who is the powerful in your village?

40. In your village, how do you think your economic situation?
Wealth Average Poor

41. In your village, how do you think your social position?
Decision maker/just a member of society

42. In your village, who are the decision makers?

43. How do people select the decision makers?

44. Do you think the economic situation in your village improved since 2001?
Yes
No

45. Do you think your economic situation is improved since 2001?
    Yes
    No

46. What is the reason of your economic improvement?

47. For farmers, can you live only with the farming income?
    Yes
    No
        if no, how do you get other income?

48. If economic difficulties happen, what do you do?

49. Which do you think have more power/authority, district government or Shura?

50. Which authority has the biggest decision making power in your village?

51. How many returned to your village after 2001?

52. Do you know the word, Governance?
    Yes
    No

53. What does it mean?

54. What are major issues at Shura?

(end)

＊半構造化インタビューはアフガニスタン公用語のダリー語を利用し，個別面談形式で実施した。

参考資料Ⅲ　調査対象者一覧

	番　号	年　齢	居住郡	家族数	職　業
1	K1	41	Kalakan	6	Welder/Farmer
2	K2	35	Kalakan	7	Farmer
3	K3	42	Kalakan	11	Farmer
4	K4	27	Kalakan	4	Farmer
5	K5	36	Kalakan	19	Farmer
6	K6	37	Kalakan	7	Farmer
7	K7	26	Kalakan	4	Farmer
8	K8	21	Kalakan	5	Farmer
9	K9	24	Kalakan	3	Farmer
10	K10	58	Kalakan	13	Farmer
11	K11	57	Kalakan	9	Farmer
12	K12	40	Kalakan	6	Welder/Farmer
13	K13	38	Kalakan	6	Farmer
14	K14	27	Kalakan	9	Farmer
15	K15	46	Kalakan	12	Farmer
16	K16	42	Kalakan	7	Farmer
17	K17	30	Kalakan	7	Farmer
18	K18	51	Kalakan	4	Farmer
19	K19	39	Kalakan	11	Farmer
20	K20	30	Kalakan	8	Farmer
21	K21	42	Kalakan	8	Carpenter/Farmer
22	K22	50	Kalakan	10	Farmer/Carpenter
23	K23	25	Kalakan	6	Farmer
24	K24	50	Kalakan	14	Farmer
25	K25	35	Kalakan	5	Fruit seller
26	K26	43	Kalakan	12	Farmer
27	K27	43	Kalakan	3	Farmer
28	K28	45	Kalakan	9	Farmer
29	K29	36	Kalakan	11	Farmer
30	K30	45	Kalakan	12	Labour/Farm labour
31	K31	28	Kalakan	20	Farmer
32	K32	23	Kalakan	16	Farmer
33	K33	42	Kalakan	9	Farmer
34	K34	50	Kalakan	6	Farmer/Car decoration

35	K35	50	Kalakan	11	Farmer
36	K36	40	Kalakan	7	Farmer
37	K37	49	Kalakan	7	Farmer
38	K38	22	Kalakan	9	Farmer
39	K39	24	Kalakan	6	Farmer
40	K40	51	Kalakan	9	Police
41	K41	50	Kalakan	6	Carpenter
42	K42	55	Kalakan	11	Farmer
43	K43	35	Kalakan	5	Farmer
44	K44	32	Kalakan	7	Farmer
45	K45	39	Kalakan	8	Driver
46	K46	28	Kalakan	7	Farmer
47	K47	29	Kalakan	8	Farmer
48	K48	30	Kalakan	8	Welder
49	K49	38	Kalakan	7	Farmer
50	K50	44	Kalakan	7	Farmer
51	M1		Mir Bacha Kot	11	Farmer
52	M2	60	Mir Bacha Kot	8	Carpenter/Farm labour
53	M3	26	Mir Bacha Kot	5	Farmer
54	M4	27	Mir Bacha Kot	9	Farmer
55	M5	47	Mir Bacha Kot	11	Security Guard
56	M6	38	Mir Bacha Kot	12	Farmer
57	M7	33	Mir Bacha Kot	9	Farmer/Carpenter
58	M8	27	Mir Bacha Kot	12	Farmer
59	M9	48	Mir Bacha Kot	13	Farmer
60	M10	42	Mir Bacha Kot	6	Labour
61	M11	33	Mir Bacha Kot	5	Labour
62	M12	28	Mir Bacha Kot	10	Farmer/Duty in school
63	M13	34	Mir Bacha Kot	17	Labour
64	M14	40	Mir Bacha Kot	13	Farmer
65	M15	42	Mir Bacha Kot	13	Farmer
66	M16	26	Mir Bacha Kot	6	Farmer
67	M17	47	Mir Bacha Kot	7	Farmer
68	M18	40	Mir Bacha Kot	30	Farmer
69	M19	27	Mir Bacha Kot	17	Farmer
70	M20	22	Mir Bacha Kot	10	Farmer

参考資料Ⅳ　主要個別面談対象者一覧

① カラコン郡知事 Rahmatullah

② ミル・バチャ・コット郡知事 Haji Abdul Rashid

③ カラコン郡政府高官（氏名非公開）

④ カラコン郡政府高官（氏名非公開）

⑤ ミル・バチャ・コット郡政府高官（氏名非公開）

⑥ 国家安全保障問題担当副補佐官 Mohammad Suleman Kakar

⑦ 農村復興開発省大臣 Wais Ahmad Barmak（当時）

⑧ アフガニスタン公務員研修所所長 Dr. Farhad Osmani

⑨ 駐日アフガニスタン・イスラム共和国大使 Dr Sayed M. Amin Fatimie

⑩ パルワン州知事 Bashir Salangi

⑪ 元憲法起草委員会議長 Professor Dr Mohammad Hashim Kamari

あとがき

本書がかたちになるまで，非常に多くの方々にお世話になった。アフガニスタンと日本の往復を繰り返し，あまり日本に滞在していなかった筆者に対して，常に新しい考え方や視角，さらには論文の詳細な点についてまで，忙しい中指導してくださったのは，指導教員であり，博士論文審査の主査であった東京大学東洋文化研究所の佐藤仁先生である。佐藤仁先生のご指導を受けなければ，博士論文，そして本書ができ上がることはなかった。

論文審査委員を務めてくださった，東京大学大学院新領域創成科学研究科の山路永司先生，堀田昌英先生，早稲田大学国際学術院の上杉勇司先生，法政大学国際文化学部の松本悟先生の各先生方には，多大な学恩を頂いた。山路先生からは細かな点まで詳細なご指導を頂いた。また，堀田昌英先生には，本著の対象へのアプローチに関して貴重なご指摘を下さった。上杉先生は，いつも筆者を励まし，また，参考となる文献や考え方をご教示くださった。松本先生には，本書の構想段階から様々なご指摘を頂いた。先生方の温かい励ましと，より良い研究とするためのご指摘には，ただただ感謝するほかなく，その学恩には，これからの精進で報いていきたい。

大東文化大学国際関係学部の原隆一先生には，ペルシャ文化圏という視点から，いつも貴重な考察と励ましを頂いた。アジア経済研究所の鈴木均先生は，論文の構想やアフガニスタンに関して，貴重なご示唆を頂いた。東京外国語大学名誉教授の上岡弘二先生には，ペルシャ語のいろはから始まり，基本的な文献や文章についてまで，丁寧なご指導を頂いた。また，Mohammad Hashim Kamali 先生（International Institute of Advanced Islamic Studies）には，アフガニスタンの2004年憲法制定時の詳細，さらには研究への姿勢を教えてくださった。もちろん，佐藤仁研究室の皆さんには，拙い草稿への建設的なコメントや，あたたかい励ましを頂いた。

セイエド・アミーン・ファテミ駐日アフガニスタン大使，バシール・モハバット副大使ほか大使館の皆さんは，いつでも大使館のドアをあたたかく開けてくださり，貴重なご助言や支えをくださった。

アフガニスタンでは，Mohammad Suleman Kakar, Habib Wayand, Dr. Farhad Osman Osmani，Hashibullah Mowahed の各氏に大変お世話になった。また，Rabiullah Mayar Wardak，Bashir Hakimi の両氏の協力によって，現地におけるフィールドワークを無事に進めることができた。Zulmai, Nawab Khan，Mohammad Asif，Ghafur，Najib らは，年月を経ても変わらぬ友誼と歓迎で筆者を迎えてくれた。また，外国人である筆者を快く迎え入れ，付き合ってくれ，生活を見せてくれたすべての村人たちには，ひとりひとりに感謝を記すことができないが，ここに心からの御礼を述べておきたい。

そして本書の出版にあたっては，ミネルヴァ書房編集部の堀川健太郎さんに本当にお世話になった。詳細に原稿を見てくださり，筆者が気づかなかったことまで指摘してくださった。改めて感謝申し上げたい。

最後に，家族には迷惑ばかりをかけてきたにも拘わらず，理解と励ましを常に与えてくれたことに感謝したい。

2017年１月

林　　裕

索　引

（＊は人名）

あ　行

アクティヴ・インタビュー　22, 23
アフガニスタン　2, 8, 9, 18, 33, 133, 134, 153
アフガニスタン国軍（ANA：Afganistan National Army）　80
アフガニスタン侵攻　62
アフガニスタンの歴史　61
アフガニスタン和平に関するジュネーブ合意　62
＊アミン，H　62
＊アレント，H　113, 116
異議申し立て　118, 164
インタビューの記録方法　23
インフォーマル　4, 9, 10, 112, 114, 118, 125, 127, 130, 159, 160, 162, 164
＊ウェーバー，M　39
上からの平和構築　46
援助効果向上のためのパリ宣言（Paris Declaration on Aid Effectiveness）　17
オーナーシップ　41, 134
＊大野盛雄　65
汚職　18, 118, 135, 143, 155, 161, 163

か　行

開発学　54
外部者　58, 80, 83, 84, 114, 134, 141, 149, 159, 162
外部者の視点　48
＊カウフマン，D　56
＊ガニ，A　58, 144, 149
ガバナンス　3, 13, 25, 56, 135, 141, 143-145, 148, 149, 155, 163, 164
ガバメント　164
ガバメントとガバナンス　52
カブール州　19, 84, 145
カブールのパン籠　86
カラコン郡　19, 24, 86, 90, 117, 119, 147, 154, 160, 161, 165
＊カルザイ，H　61, 63, 150
＊ガルトゥング，J　35
＊カルドー，M　40
＊カルマル，B　62
カレーズ　86, 104, 105, 112, 123, 126
カロン　121, 124, 130-133
＊カント，I　48
極小社会（micro society）　63, 114
グッド・ガバナンス　34
国造り　43
郡（Wuluswali）　120
郡知事　125, 128-130, 155
軍閥司令官　130-132, 144
経済的格差　147
携帯電話　131, 160
携帯電話の普及　95
構造調整政策（SAP：Structual Adjustment Policy）　55
国際治安維持支援部隊（ISAF：International Security Assistance Forece）　80
国内避難民　2, 134, 161
国連平和維持活動：原則と指針（キャップストン・ドクトリン）　41
国家警察（ANP：Afganistan National Police）　80
国家再建　2
国家とは　39

個別の民族誌（ethonography of the particular）　23
コミュニティ開発　6
*コリアー，P　44
*ゴルバチョフ，M　62

さ 行

*サイカル，A　63,114,133
サウル革命　62
*ザヒール・シャー　61
参加型開発　6
*サンビーニ，N　12
自己統治　7,10,13,15,16,48,119,159,161,163-165
自己統治機構　4,8,25,111,114,116-118,124,125,127,128,132,133,135,143,154,160,161,163-165
市場化（marketization）　45
自治　4
実体のない平和　47,79,103
質的調査　21,169
失敗国（failed state）　37
社会的領域　116,118
シャモリ（Shamoli）　85
州（Wulayat）　120
自由化（liberalization）　45
自由化に先立つ制度化（Institutionalization Before Liberalization）　46
宗教指導者（Mullah：ムッラー）　65,122
シューラ　5,25,33,34,101,111,113,116,118,130,131,134,135,145,152,154,155,159,161,163-165
ジュリーブ　91,92
消極的平和　11,35
地雷　87
地雷影響調査　19
事例研究　24,167,168
信頼感（ラポール）　23
*スチュワート，F　44
脆弱国　1,6,8,9,17,34,36,59,161
脆弱性　36
世界人権宣言（Universal Declaration of Human Rights）　53
積極的平和　11,35
それなりのガバナンス　2,57,135,153,159,165

た 行

*ダウド，M　61
ダウラトダリ　149
*タラキ，N　62
*タリク，M　114
タリバン　63,85,95,143,153
単一の生活様式（one mode of operation）　49
知的断絶　145
地方自治　4,10,13
地方自治体　4
地方の自己統治　4,10,15,25
調査対象者　24
調和化ハイレベルフォーラム（High Level Forum on Harmonization）　55
強い社会　63
強い地域社会　14,125,128,133
定性的調査　21
定量的調査　21
*デュプレ，L　65
*ドイル，M　12,44
ドゥラニ朝　61
*トクヴィル，A　10
土地所有証明書　93,94
トップダウン　7

な 行

内部者　102,159
難民　2,134,144,145,161

人間開発指数（Human Development Index） 17
農村社会の在り方 10
農村部 3

は　行

ハイブリッド・アプローチ 15
ハイブリッド・ピース 6,49
ハイレベルフォーラム（HLF） 17
バザール・ポリティクス 148
破綻国（collapsed state） 37
*パリス，R 6,44,66,112
パリ宣言（Paris Declaration） 55
パルワン（Parwan）州 85
半構造化インタビュー 21
パンジシール（Panjsher）州 85
反政府武装勢力 12
貧困削減戦略文書（PRSP：Poverty Reduction Strategic Paper） 55
フォーマル 4,9,114,127,131,159,160,162,164
フクマトダリ 149
*フクヤマ，F 51,54
不愉快な妥協（uncomfortable compromises） 153
*ブライス，J 10
*プリンカーホフ，D 12
*ブトロス・ガリ，B 10
紛争影響下（conflict-affected） 1,10,12,37,116,133,142,145,150,153,165,166
紛争影響下国 6,8,34,37,143,146,159,161,164
紛争影響下社会 8,10,160,165
紛争後（ポスト・コンフリクト） 12
紛争国 1,160,161
平和維持（peace keeping） 11
平和強制（peace enforcement） 11
平和構築 2,4,6,7,9-11,35,44,79,103,105,112,113,115,135,143,146,150,159,161,165,166
平和創造（peace making） 11
平和への課題 11
ポスト・コンフリクト 8
ボゾルガーン 121,124,130-133
*ホッブズ，T 48
ボトムアップ 7

ま　行

*マックジンティ，R 50
マリク 119,122,125,127,130,132,133,155
*マン，M 41,42
*ミグダール，J 56,63,133
ミル・バチャ・コット郡 19,24,86,90,117,119,147,154,160,161,165
民主化（democratization） 45
民主主義政治システム 112
民主的平和（democratic peace） 44
民主的平和論 3
ムジャヒディン（反政府武装勢力） 2,62,84,122,145,153
村（Quarya） 120
メカニズム 4,119,125,159,161,164
元ムジャヒディン（元戦闘員） 4

や　行

野戦司令官 65,114,119
預託金 124
予防外交（preventive diplomacy） 11
弱い国家 14,56,63,128,133
弱い地域社会 56

ら　行

ライス（Rais Shura-e Mardumi Wuluswali） 125,126
*ブラヒミ，ラクダール 11
ラワルピンディ条約 61

＊リッチモンド，O　46,48,66,79,103,115
リベラル・ピース　44,66,112,115,162
リベラル・ピース論　4
量的研究　169
ローカル・ガバナンス　7,10,13,26,124,
163-165
ローマ調和化宣言　55

欧　文

HIPCs（Heacily Indebted Poor Countries）イニシアティブ　55

《著者紹介》

林　裕（はやし・ゆたか）

1972年　福島県生まれ。
中央大学大学院法学研究科政治学専攻修士課程修了（政治学修士）。
London School of Economics and Political Science (LSE), Development Studies Institute (MSc. Development Studies)
特定非営利活動法人日本紛争予防センターアフガニスタン代表事務所，在ナイジェリア日本国大使館，広島平和構築人材育成センター，独立行政法人国際協力機構を経て，
東京大学大学院新領域創成科学研究科国際協力学専攻博士課程修了（国際協力学博士）。

現　在　関西学院大学人間福祉学部社会起業学科助教。

主　著　'A Peacebuilding from the Bottom-Daily Life and Local Governance in Rural Afghanistan,' *Islam and Civilisational Renewal*, International Institute of Advanced Islamic Studies, Malaysia, Vol. 5, No. 3, 2014.
「紛争影響下の農村生活の在り様——アフガニスタンにおける外部者と内部者の視点から」『東洋研究』第198号，2015年。
「届かない声——ジェンダー平等に向けた取組みとアフガニスタン農村女性の声から見える落差」原隆一・中村菜穂編『イラン研究　万華鏡——文学・政治経済・調査現場の視点から』大東文化大学東洋研究所，2016年，ほか。

関西学院大学研究叢書　第184編
MINERVA 人文社会科学叢書㉑⑨
紛争下における地方の自己統治と平和構築
——アフガニスタンの農村社会メカニズム——

2017年4月20日　初版第1刷発行　〈検印省略〉

定価はカバーに
表示しています

著　者　林　　裕
発行者　杉　田　啓　三
印刷者　坂　本　喜　杏

発行所　株式会社　ミネルヴァ書房
607-8494　京都市山科区日ノ岡堤谷町1
電話代表　(075)581-5191
振替口座　01020-0-8076

冨山房インターナショナル・新生製本

ISBN 978-4-623-08039-7
Printed in Japan